给孩子讲相对论

李淼 王爽 ○ 著

K 湖南科学技术出版社 博集天卷 CS-BOOKY

目录
CONTENTS

相对论是由大科学家爱因斯坦创立的

一个描述时空和引力的科学理论。

它包括两部分：

狭义相对论和广义相对论。

其中狭义相对论描述的是时空，

而广义相对论描述的是引力。

我们将从举世瞩目的引力波探测开始，

带大家踏上这趟认识相对论的旅程。

1

引力波是怎么探测到的

第1讲

2017 年 10 月 3 日，2017 年诺贝尔物理学奖尘埃落定。它被颁给了美国物理学家雷纳·韦斯、基普·索恩和巴里·巴里什，以表彰他们领导建设激光干涉仪引力波天文台（简称 LIGO），进而首次直接探测到引力波的伟大成就。

事实上，爱因斯坦于 1915 年就提出了广义相对论；这是他一生中提出的最伟大的理论，我在后面会详细为你介绍。仅仅在一年之后，也就是 1916 年，他就用这个理论预言了引力波的存在。但直到整整 100 年后，也就是 2016 年，人们才能真正地探测到它。你看，是不是很奇怪？众所周知，20 世纪科技发展日新月异。那为什么要花整整 100 年，才能揭开引力波的

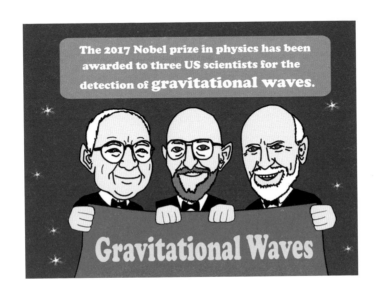

神秘面纱？这节课，我就来为你解答其中的奥秘。

　　首先，我来讲讲什么是引力波。让我们做个思想实验。想象一个很大的池塘，里面有非常平静的水面。如果往这个池塘里扔一颗小石子，原本平静的水面立刻会泛起波纹，或者说涟漪。这些涟漪会一圈圈地向外扩散，从而让整个池塘的水面都随之波动。如果原来的水面上还漂浮着一艘小木船，那它就会随水波而上下起伏。

　　现在，我们把这个池塘的水面想象成时空本身，也就是时间和空间的总称。广义相对论认为，有质量的物体可以让时空本身发生弯曲。而当有质量的物体发生剧烈运动的时候，它就可以像那颗小石子一样，让时空本身也泛起涟漪。这些涟漪同样会向外传播，从而让远方的物体也随之起伏。这种时空的涟漪就是引力波。

　　那要是引力波传到地球，会造成什么影响呢？答案是，它会使与其传播方向垂直的空间发生周期性的形变。换句话说，当引力波经过的时候，与之垂直的空间会不断地收缩或扩张：横向收缩，纵向就扩张；横向扩张，纵向就收缩。由于空间本身在形变，置身于其中的物体自然也会跟着形变。也就是说，当引力波传来的时候，小到一把尺子，大到整个地球，都会发生周期性的伸缩。

可能有些小朋友会担心："要是引力波传来的时候，把我们拉坏了该怎么办？"其实完全没有担心的必要。这是因为引力波使物体发生形变的比例特别小。到底小到什么地步呢？大概只有十万亿亿分之一。打个比方：如果你的尺子长达 1000 千米，也就是从北京到上海的直线距离，那引力波大概能使它变动一千万亿分之一米，相当于一个原子核的直径。如果你的尺子长达 10 万光年，也就是我们银河系的直径长度，那引力波大概能使它变动 1 米。

其实，这正是科学家要花整整 100 年才能探测到引力波的原因：因为它实在太微弱、太难测了。事实上，就连爱因斯坦本人都不相信人类能测到引力波。更夸张的是，他甚至一度想要否定引力波的存在。下面，我就来讲讲这段有趣的往事。

1936 年，爱因斯坦与纳森·罗森合写了一篇科研论文。在这篇名为《引力波存在吗？》的文章中，爱因斯坦和罗森公然宣称引力波其实根本不存在。这篇论文被投给了著名物理学期刊《物理评论》。

● 爱因斯坦 ●

在此之前，爱因斯坦给《物理评论》投过好几篇论文。由于爱因斯坦的赫赫威名，这些论文都没送给审稿人去评判，就直接被接受发表了。但这一次，《物理评论》的主编约翰·泰特却没有为这篇论文开绿灯，而把它送到了普林斯顿大学教授霍华德·罗伯逊的手里。

罗伯逊是一个相当有名的宇宙学家，对广义相对论特别有研究。他发现这篇论文的结论是错的，所以就要求爱因斯坦他们对此文进行修改。罗伯逊把他的审稿意见寄给了泰特，而泰特又把这份匿名的审稿意见转寄给了爱因斯坦。

在爱因斯坦大部分的学术生涯中，根本没有现在普遍实行的匿名审稿制度；而他以前写的那些科研论文，也都是投过去就直接发表了。所以爱因斯坦收到这份审稿意见后怒不可遏，立刻给《物理评论》寄去一封撤稿信。在这封撤稿信中，爱因斯坦特别霸气地写道："我们投稿是为了发表，并没有授权你在发表之前让其他专家过目。我认为没必要回复那个匿名专家肯定错误的意见。基于这种情况，我宁愿把论文发表在其他地方。"

顺便说一句。从此以后，爱因斯坦就再也没向《物理评论》投过任何稿件。

爱因斯坦随后把那篇有问题的论文投给了另一家学术期刊。但刚投出去没多久，尴尬的事情就来了。匿名审稿人罗伯逊跑到普林斯顿高级研究所去访问，并且当面向爱因斯坦指出了论文中的错误。发现自己弄错了的爱因斯坦顿时冷汗直流。他赶紧联系第二家杂志社，对那篇文章做了大幅度的修改，删掉了以前的引力波不存在的结论，并把论文

● 罗伯逊 ●

题目改成了不痛不痒的《关于引力波》。

所以说，爱因斯坦还是很受上天眷顾的。如果泰特当初给他开了绿灯，或者罗伯逊畏惧他的权威而不敢对他提出批评，那么这篇否定引力波存在的错误论文就会发表在《物理评论》上。如此一来，爱因斯坦于 1916 年用广义相对论预言引力波存在的历史功绩，就会大打折扣了。

不喜欢引力波的物理学家远远不止爱因斯坦一人。事实上，在提出引力波后整整 40 年的时间里，也没有一个物理学家想去探测它。大家都想当然地认为，像引力波这么微弱的效应，永远也不可能被探测到。但 20 世纪 50 年代，一个人的出现让这种一潭死水的状况发生了改变。他就是美国物理学家、引力波探测的先驱约瑟夫·韦伯。

韦伯的人生经历相当传奇。第二次世界大战期间，他在美国海军服役。日军轰炸珍珠港的时候，他恰好是一艘美国军舰的军官，并眼睁睁地看着自己的军舰被日军击沉。后来在太平洋海战中，韦伯实现了自己的复仇，他率领的一艘军舰击沉了日本人的一艘航母。二战后期，他转行做科研，在美国海军局做研究。1948 年，韦伯以少校的身份退役，然后成了马里兰大学的一名工程学教授。

韦伯当上教授的时候并没有获得过博士学位，这其实是不合规定的。所以系主任就向他施压，要他赶快拿一个博士学位。因此在 1948 年至 1951 年期间，他过得很辛苦，既要在马里兰大学当教授，又要在美国天主教大学读博士。1951 年，韦伯顺利地拿到了他的博士学位。顺便说一句，在攻读博士学位期间，他对激光科学做出了很大的贡献。

1955 年，韦伯突然对广义相对论产生了极大的兴趣。利用自己的学术休假年，韦伯跑到了普林斯顿大学，向著名物理学家约翰·惠勒学习广义相对论。正是在这段时期，韦伯突然认识到，引力波是有可能被探测到的。

下面我就给大家讲讲韦伯是怎么探测引力波的。下页中的图就是韦伯用来探测引力波的实验装置，名叫"韦伯棒"。

韦伯棒是一个直径为 1 米、长度为 2 米的圆柱形铝棒。当引力波传来时，铝棒的两端会交错地被挤压和拉伸。我们前面说过，正常情况下铝棒的伸缩比例特别小，以至于根本无法测量。但韦伯发现，在一个特殊的情况下，铝棒的伸缩比例能显著地增大。这种特殊情况就是共振。

我来解释一下什么叫共振。大家知道，外力能迫使物体发生振动。比方说，你用力推一个秋千，就能让它来回摆动。如果这种外力的频率恰好

● 韦伯和他的韦伯棒 ●

与振动物体本身的频率相等，就会使振动的幅度大幅增加。这种现象就是
共振。举个例子。19世纪初，有一队法国士兵迈着整齐划一的步伐，走上
了法国昂热市的一座大桥。他们走到一半的时候，大桥却突然断裂，使许
多官兵和市民落入水中丧生。后来发现，这次惨剧的罪魁祸首就是共振。

这是由于这队士兵齐步走的频率，恰好与大桥本身的频率相等，导致大桥的振动幅度急剧增加，最终造成了大桥的断裂。

韦伯认为，可以利用共振现象来探测引力波。韦伯棒自身的频率大概是 1500 赫兹。如果远处传来的引力波的频率也是 1500 赫兹，就可以使韦伯棒发生共振，从而使它的伸缩幅度大幅增加，进而被安装在韦伯棒周围的探测器检测到。

为了提升韦伯棒的探测能力，韦伯想了不少办法。比如说，他用细细的铁丝将韦伯棒悬挂起来，从而减小了振动时韦伯棒的能量损失。更重要的是，为了避免地震等意外因素的干扰，韦伯在两个相距上千千米的地方放置了两个完全相同的韦伯棒，只有当两个探测器同时探测到一模一样的引力波信号时，才能说明韦伯棒探测到了引力波。

1969 年，韦伯在著名的物理学期刊《物理评论快报》上发表了一篇文章，宣称他用韦伯棒探测到了引力波。韦伯的文章立刻在全球范围内引起了巨大的轰动。世界各国的科学家都陆续建造出类似韦伯棒的实验装置，并加入了探测引力波的行列。

但诡异的事情发生了。在接下来的几年中，除了韦伯，再也没有人能探测到引力波。越来越多的人开始质疑韦伯的实验结果，甚至把他当成一个欺世盗名的骗子。到了 1974 年，麻省理工学院举行了一次关于相对论的研讨会。在这次会议上，反对韦伯的呼声像火山一样彻底爆发。一大批学者都站出来质疑韦伯的引力波实验，说他根本没测到任何引力波，只不过测到了一大堆噪声。有人甚至公然嘲笑韦伯，说他测到的其实是他自己的心跳。韦伯竭力反击，双方吵得不可开交，几乎要动手打起来。最后还是会议主席——麻省理工学院的菲利普·莫里森教授，用上他的拐杖才阻止了冲突的进一步升级。

从那以后，韦伯逐渐淡出了人们的视野。他还在坚持用韦伯棒探测引力波，但已无法再吸引别人的关注。后来，有人从数学上证明了韦伯棒的探测能力不足，不可能探测到引力波。换句话说，韦伯一开始就走上了一条不归路。但他的开创性工作，激励许多科学家走上了探测引力波的道路。所以，今天人们依然把他视为引力波探测的先驱。

失之东隅，收之桑榆。就在学术界对韦伯棒失去信心的 1974 年，两位美国的科学家在天上找到了关于引力波的新线索。这两人就是美国天文学家罗素·赫尔斯和约瑟夫·泰勒。

　　那一年，赫尔斯和泰勒都在马萨诸塞大学工作。赫尔斯是一个博士生，而泰勒是他的导师。利用一台位于波多黎各的望远镜，他们发现了一个前所未见的天体，那是一个后来被人们称为 "PSR 1913+16" 的脉冲双星。小朋友们可能没听说过 "脉冲双星"，我来解释一下。

　　1967 年，英国天文学家乔丝琳·贝尔发现了一颗快速转动的中子星，它会像灯塔一样发出周期性的辐射信号。关于中子星，我会在第 3 讲中进行详细的介绍，这里就不再细说了。科学家们把这种能发出周期性辐射信

号的中子星称为脉冲星。

顾名思义，脉冲双星就是两颗彼此绕转的脉冲星。赫尔斯和泰勒发现的这两颗脉冲星相距很近，其最小间距只有 70 万千米，大概相当于太阳的半径。

找到一种全新的天体，本身就已经是非常重要的天文发现了。但没过多久，赫尔斯和泰勒就意识到这个脉冲双星还有更重大的意义。

根据广义相对论，脉冲双星会发出很强的引力波，而这些引力波又会带走这两颗脉冲星运动的能量，也就是所谓的动能。做一个类比，人造卫星之所以能一直绕地球旋转，是因为它拥有很大的动能。要是失去了动能，它就会被地球的引力捕获，最终掉到地球上。与之相似，被引力波带走动能的脉冲双星，也会逐渐地越靠越近，并最终撞到一起。反过来，如果不存在引力波，脉冲双星就不会损失任何动能，它们就会按照原来的轨道一直绕转下去。

经过长期的观测，赫尔斯和泰勒发现"PSR 1913+16"这个脉冲双星的绕转轨道确实在变小。更重要的是，它变小的幅度与广义相对论的预言完全一致。这就为引力波的存在提供了非常有力的证据。

赫尔斯于 1975 年获得自己的博士学位。尽管做出了这么伟大的发现，他在找工作的时候却遇到了很大的麻烦。在美国国家射电天文台工作了两年以后，赫尔斯被迫转行去研究等离子体物理，这才勉强在普林斯顿大学谋到了一个研究员的职位。多年来，赫尔斯一直没有得到晋升。可笑的是，即使 1993 年赫尔斯和泰勒因发现世界上第一个脉冲双星并验证引力波的存在而获得了当年的诺贝尔物理学奖，普林斯顿大学依然没有给赫尔斯提供一个教授的职位。堂堂诺贝尔物理学奖得主却当不上一个大学教授，实在是一件匪夷所思的事。

但赫尔斯和泰勒的发现只是引力波存在的间接证据。也就是说，他们并没有看见引力波到底长什么样。真正看见引力波的另有其人。

其实早在 20 世纪 60 年代末，韦伯因"韦伯棒"而名声大噪的时候，就已经有人在思考其他探测引力波的办法了。此人就是美国著名物理学家雷纳·韦斯。

韦斯出生在 1932 年的柏林，全家都是犹太人。为了逃离纳粹的统治，韦斯的父母抱着还是小婴儿的他逃到了布拉格，然后又逃到了大洋彼岸的纽约。

少年时代的韦斯心灵手巧。有一次，他家附近的一个剧院着了火，这让韦斯弄到了一批扩音器；再靠着平时收集的一些电子元器件，韦斯居然组装出一批效果极佳的无线电收音机。他把这些收音机卖给了住在他家附近的犹太难民，让他们能够收听纽约交响乐团的演奏。韦斯后来常开玩笑说，他如果没当科学家，说不定已经靠卖收音机发大财了。

念完高中以后，韦斯考上了著名的麻省理工学院。但在大三那年，少不更事的韦斯却遇到了大麻烦。他爱上了一个萍水相逢的女子，那是一个30多岁的钢琴老师。因为爱情，韦斯和她一起去了另一座城市。没过多久，两人恋情告吹。垂头丧气的韦斯回到麻省理工学院去参加期末考试，却得知他已经被学校开除了。

不过韦斯并没有放弃。他在一家校内公司找到一份技术员的工作，公司老板是麻省理工学院物理系教授扎卡里亚斯。在扎卡里亚斯的帮助下，韦斯得以重返麻省理工学院校园，于1955年获得学士学位，并于1962年获得博士学位。

在普林斯顿大学做了两年博士后的韦斯，于1964年当上了麻省理工学院的助理教授。在当助理教授的那几年，韦斯基本上没发表什么文章。要是以今天的标准，他肯定会被学校扫地出门。不过韦斯和物理系其他教授关系都很好，再加上他的教学水平也不错，所以还是得到了麻省理工学院的终身教职。

1967年，物理系派韦斯去给研究生上一门关于广义相对论的课程。那时，韦伯棒的风头正盛。有些学生就想听韦斯讲讲韦伯棒。但尴尬的是，韦斯发现自己根本搞不懂韦伯的方法，也没法向学生解释其中的细节。所以，他决定自己弄一个探测引力波的新办法，这就是所谓的"激光干涉"。

在现实生活中，激光是很常见的。看过《给孩子讲量子力学》的小朋友应该都知道，光是由一个个光子汇聚而成的。如果每个光子都具有相同的能量，并且处于相同的状态，那它们最后汇聚而成的就是激光。

下面我来讲讲什么是干涉。想象在一个池塘里同时扔下两块石头，就会激起两列水波。这两列水波要是相遇，会彼此叠加而形成新的波形。它们的叠加过程遵循下页图的规律。如果两列水波是波峰对波峰、波谷对波谷地进行叠加，就会形成更高的波峰和更低的波谷，这就是所谓的相长干涉。如果是波峰对波谷、波谷对波峰地进行叠加，那就会互相抵消而变回平坦的水面，这就是所谓的相消干涉。这个两列波叠加的现象就是干涉。

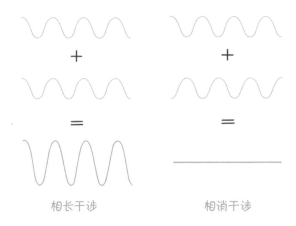

相长干涉　　　　　　　　相消干涉

　　看过《给孩子讲量子力学》的小朋友应该还记得，光不仅能分解成光子，也可以表示成光波。换句话说，一束光就是一列光波。与之相似，两束光在传播过程中也会相互叠加。如果峰谷彼此对应，得到的波峰和波谷就会分别加强；反过来，如果峰谷恰好错位，那它们就会互相抵消。

　　知道了激光和干涉这两个概念，我们就可以来讲讲什么是"激光干涉"，以及为什么"激光干涉"能探测引力波了。

　　右页图就是用"激光干涉"来测量引力波的原理图。它和我们在第2讲中要讲的迈克尔逊干涉仪其实非常相似。一个固定光源（下面的长方体）

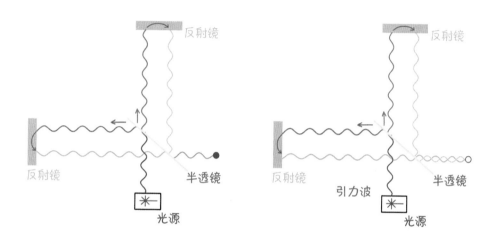

发出的激光，在经过一个倾斜放置的分光镜（绿色线段）后会分成两束，然后沿两个互相垂直的方向继续前进；被两个与分光镜距离相等的反射镜（蓝色长条）反射回来以后，它们会重新汇聚并发生干涉，而干涉图案将显示在探测器上。正常情况下，汇聚后的两束激光应该发生相长干涉（紫色实心圆）。但是，如果有引力波（黄色区域）经过，分光镜和反射镜之间的距离就会发生改变，那么汇聚后两束激光的干涉图案就会发生改变（空心圆圈）。换句话说，如果在没有任何其他因素干扰的情况下，突然看到激光干涉图案发生了改变，就能说明探测到了引力波。

这个实验非常精妙。它把非常难测的分光镜与反射镜间的距离变化，转化成了好测很多的激光干涉图案的改变，从而使探测到引力波的可能性大大增加。

令人难以置信的是，韦斯为了应付学生的提问而突然冒出来的这个想法，最后竟然演变成人类历史上最伟大的科学实验之一。

激光干涉仪有一个很重要的指标，那就是分光镜与反射镜间的距离，也就是激光干涉仪的臂长。我们前面讲过，引力波会使尺子按照一定的比例伸缩。你的尺子越长，尺子的伸缩量就越大。这个臂长就是激光干涉仪的尺子。臂长越长，就越有可能探测到引力波。

韦斯先自己造了一个臂长 1.5 米的激光干涉仪。然后，他又与德国马克斯·普朗克研究所的一群科学家合作，制造了一个臂长 30 米的激光干涉仪。但这离真正测到引力波还差了十万八千里。

1975 年是一个重要的转折点。那年夏天，韦斯在一次华盛顿召开的学术会议上结识了著名物理学家、加州理工学院教授基普·索恩。那次会议期间，华盛顿的游人特别多，导致索恩没订上酒店。韦斯很好心，让索恩和他共住一室。这个阴错阳差的经历竟然产生了奇妙的化学反应。在酒店房间里,他们进行了一番关于引力波实验的长谈,并且产生了惺惺相惜之感。这次长谈让索恩也走上了引力波探测的道路。

在讲 LIGO 之前,我们先来聊聊基普·索恩。他的经历非常传奇。相信有不少小朋友都知道著名导演克里斯托弗·诺兰执导的好莱坞大片《星际穿越》,索恩就是这部影片的编剧和科学顾问。

索恩出身书香门第,他的父母都是大学教授;此外,他们的五个孩子中,也有三个最后走上了学术道路。25 岁那年,索恩在著名物理学家约翰·惠勒的指导下拿到了普林斯顿大学的博士学位。仅仅 5 年之后,他就成了加州理工学院历史上最年轻的教授之一。

索恩特别喜欢和别人打赌。他办公室的墙上摆着一排相框,共计 10 个。相框里放的并不是照片,而是他与其他科学家打赌的赌约。

他一生中最有名的赌是和霍金打的。20 世纪 70 年代,天文学家发现了一个奇怪的天体,名叫天鹅座 X-1。通过研究周围天体的运动,科学家能算出它的质量超过 8 倍太阳质量;但用望远镜去看它的时候,却又什么都看不到。索恩和霍金就天鹅座 X-1 的身份打起了赌:索恩说它是一个黑洞,而霍金说不是。两人立下字据,霍金以一年的《阁楼》杂志赌索恩四年的《私家侦探》。后来，越来越多的天文观测都支持天鹅座 X-1 确实是个黑洞，霍金才不得不认输。

霍金的认输方式很特别。有一次，他去加州理工学院演讲，当时索恩恰好在外地出差。霍金坐着轮椅，大张旗鼓地闯入索恩的办公室，翻箱倒柜地找出了当年的赌据，然后盖上自己的指印表示认输。不过后来霍金就无法再这么干了。因为他的病越来越严重，最后连手指也无法再动弹。

当然，索恩也赌输过。他曾和普林斯顿大学天文系主任奥斯泰克打过一个赌，说人类在 20 世纪就可以探测到引力波。事实上，索恩远远低估了探测引力波的难度。所以他不得不在 21 世纪的第一天，输给奥斯泰克一箱上等的红酒。

此外，索恩也与著名科学家兼科普作家卡尔·萨根私交甚好。萨根曾写过一部科幻小说，名叫《超时空接触》。在此期间，萨根曾向索恩询问，科学上是否有办法让人在极短的时间内穿越极远的距离。索恩研究了半天，告诉萨根最好的办法是穿过一个虫洞。所谓的虫洞，就是广义相对论所允许的一种能连接两个不同时空的狭窄隧道。

后来，《超时空接触》被好莱坞搬上了银幕，成了一部广受好评的科幻电影。索恩大受鼓舞，自己也写了一个利用虫洞进行星际旅行的剧本。通过一个在好莱坞当制片人的前女友的帮助，索恩成功地向好莱坞推销了自己的剧本。传奇导演史蒂文·斯皮尔伯格曾对索恩的剧本产生浓厚的兴趣，不过后来因为一些意外没能达成合作。幸好著名导演克里斯托弗·诺兰也对这个剧本感兴趣。经过数年的努力，他们最终合力打造了一部非常卖座的好莱坞大片，那就是前面说过的《星际穿越》。

言归正传，让我们继续聊探测引力波的事情。与韦斯长谈之后，索恩对"激光干涉"的新方法进行了非常深入的理论研究。他提出了一系列的改进意见，从而使这个方法的探测能力得到极大的提升。但索恩毕竟是一个理论物理学家，对实验方面的诸多事务都不擅长。所以，他必须找一个实验物理学家来和他一同主导项目。这个被索恩看上的人，就是时任苏格兰格拉斯哥大学教授的罗纳德·德雷弗。

与索恩一样，德雷弗也出身书香门第。不过在动手能力上，他更像韦斯。为了让家人能观看到英国女王伊丽莎白二世在 1953 年的加冕典礼，少年时代的德雷弗用各种零部件，居然拼出一台电视机。

与另外两位 LIGO 创始人相比，德雷弗的早年经历要平淡很多。他按部就班地在格拉斯哥大学念完了本科和博士，然后又留校任教。1969 年，韦伯探测到引力波的消息激起了德雷弗对引力波探测的强烈兴趣。他自己建造了一个探测能力更胜一筹的韦伯棒，却完全没有发现任何引力波存在的迹象。由此，德雷弗意识到用韦伯棒探测引力波其实是没有前途的。

20 世纪 70 年代末，越来越多的人意识到用"激光干涉"探测引力波会有更广阔的前景。在格拉斯哥，德雷弗也造出了一个臂长 10 米的激光干涉仪，让整个学术界都刮目相看。1981 年，应索恩的邀请，德雷弗出任加州理工学院教授，并负责建造干涉仪的工程。

德雷弗是一个技术天才，在干涉仪的很多关键技术上都做出了突破性的贡献。很快，在德雷弗的领导下，加州理工学院就造出了一个臂长 40 米的干涉仪，这让他们在与麻省理工学院的韦斯团队的竞争中占了上风。

1984 年，美国国家科学基金会（简称 NSF）要求加州理工学院和麻省理工学院这两大引力波探测团队合二为一，这就是 LIGO 的雏形。而韦斯、索恩和德雷弗则作为 LIGO 的共同创始人，担任 LIGO 的最高决策三人组。

但麻烦很快就来了。韦斯、索恩和德雷弗经常意见不合，导致 LIGO 项目进展缓慢。NSF 很快就厌倦了三人共治的管理模式，所以就撇开了这三大元老，直接指派时任加州理工学院教务长的罗克斯·沃格特来担任 LIGO 的项目负责人。

由于理念不同，德雷弗很快就与沃格特产生了非常严重的分歧。德雷弗主张循序渐进，应该先造臂长 200 米的干涉仪。而沃格特比较好大喜功，要直接造臂长 40 千米的庞然大物。德雷弗觉得沃格特是个外行，而沃格特认为德雷弗故步自封，两人的矛盾逐渐变得不可调和。

1992 年 7 月，沃格特以公然威胁的方式阻止德雷弗去参加一场关于引力波探测的学术会议。德雷弗没有理会，还是参加了这个在阿根廷举行的会议。恼羞成怒的沃格特向 LIGO 全体成员发送了电子邮件，宣布德雷弗已被开除，以后不准再踏入 LIGO 办公楼半步。

当年 9 月，德雷弗就此事向 NSF 学术自由委员会进行了投诉。学术自由委员会在 10 月给出了调查报告，承认把德雷弗开除出 LIGO 团队是不合理的。但诡异的是，这份调查报告中却只字不提恢复德雷弗 LIGO 职位的事情。

在引力波探测事业中居功至伟的罗纳德·德雷弗，就这样被清洗出自己一手创建的 LIGO 团队。

不过沃格特也没得意太久。在他的领导下，LIGO 合作组效率低下，且进展缓慢。1994 年，在受到无数的质疑和反对之后，沃格特被迫辞职。加州理工学院教授巴里·巴里什出任了 LIGO 新负责人，他的上任拯救了危在旦夕的 LIGO 项目。在面对要不到经费就得解散的困境时，他选择了务实的道路，提出修建臂长 4 千米的激光干涉仪。这个新方案终于得到了 NSF 的批准。NSF 向 LIGO 资助了 3.95 亿美元，这也成了 NSF 历史上单笔投资最大的项目。

1994 年年底，LIGO 在华盛顿州的汉福德（Hanford）破土动工；1995 年年初，路易斯安那州的列文斯顿（Livingston）也开始建设第二个干涉仪。这两个激光干涉仪于 1997 年建成。从那以后，人们就分别管它们叫"LIGO Hanford"和"LIGO Livingston"。类似于韦伯棒的情况，只有当这两个激光干涉仪同时探测到一模一样的引力波信号时，才能说明 LIGO 真的探测到了引力波。

下页这张图就是位于列文斯顿的"LIGO Livingston"。"LIGO Hanford"与它拥有完全相同的构造。它们的主体部分都是两条长达 4 千米并且互相垂直的干涉臂。干涉臂是为了防止激光在运动过程中受到干扰而

建造的封闭管道。整个干涉臂都被抽成了真空。到底有多空呢？其内部的气压只有普通大气压的一万亿分之一。把整整 8 千米的管道全都抽成这么稀薄的真空，听起来是不是很震撼？事实上，LIGO 已经是全球第二大的真空装置了。

　　除了世界领先的真空技术，LIGO 还用了很多超级厉害的黑科技。我

举一个例子，左面这张图就是 LIGO 用来反射激光的反射镜。小朋友们觉不觉得这面镜子看起来特别亮？我们日常生活中的镜子都是用玻璃制成的，而玻璃又是由二氧化硅和其他化学物质混合而成的。这样的镜子有一个很大的缺点：如果一束光打到它上面，很多光子都会被镜子吸收，从而使光强下降。但这面镜子是用纯二氧化硅打造而成的，堪称全世界最亮的镜子。它到底有多亮呢？每 300 万个光子打到它上面，最多只有 1 个光子会被吸收，其他的全都会被它反射回去！

利用这些世界领先的黑科技，LIGO 做到了一件非常了不起的事情：它让激光在 4 千米的管道中折返 400 次后再发生干涉，这相当于用激光做出了一把 1600 千米长的尺子。我们前面说过，引力波只能使一把 1000 千米长的尺子伸缩一千万亿分之一米，相当于一个原子核的直径。LIGO 就是要找到这一个原子核大小的变动。

LIGO 于 2002 年至 2010 年进行了它的第一轮搜寻，不过并没有找到引力波存在的迹象。随后，LIGO 科学合作组织暂停了搜寻，对两个激光干涉仪进行了大规模的升级改造。2015 年 9 月，探测能力得到大幅提升的 LIGO 开始了它的第二轮搜寻。结果在刚刚开始搜寻的那个月，他们就得到一个巨大的惊喜。

2015 年 9 月 14 日，"LIGO Hanford" 和 "LIGO Livingston" 同时探测到一个被称为 "GW150914" 的疑似引力波的信号。在经过将近半年的深入分析之后，LIGO 科学合作组织于 2016 年 2 月 11 日发表文章，宣布它是一个真正的引力波信号。不过，这个信号并不是来源于两个脉冲星的绕转，而是来源于两个黑洞的并合。所谓的黑洞，是质量特别大的恒星死亡以后的产物；我会在第 3 讲中进行详细的介绍，这里就不多说了。

研究结果表明，在离地球 13 亿光年远的地方，一个 36 倍太阳质量的黑洞和一个 29 倍太阳质量的黑洞发生并合，从而产生了一个 62 倍太阳质量的黑洞。两个黑洞并合的瞬间损失了 3 个太阳的质量，这些损失的质量全部转化成引力波的能量，然后在不到一秒的时间内被释放出去。要知道，太阳燃烧了将近 50 亿年，释放的总能量也不到自身质量的千分之一。换句话说，GW150914 在一秒钟内释放的引力波的能量，比太阳在 50 亿年内放

出的总能量还要高 3000 倍以上。而这些引力波在经过 13 亿年的漫长旅行后来到地球，恰好被 LIGO 探测到。这是人类科学史上第一次直接探测到引力波。广义相对论的最后一个理论预言，终于在整整 100 年后被实验所证实！

LIGO 成功发现引力波的消息轰动了全世界。LIGO 的三大创始人——韦斯、索恩和德雷弗，也在短短一年之内拿到了除诺贝尔奖之外的几乎所有学术界的大奖。但遗憾的是，2017 年 3 月 7 日，德雷弗因病告别了人世。

原本在 LIGO 合作组里排名第四、以前什么奖都没捞着的巴里什，就这样成了一个幸运儿。正如一开始提到的，他与韦斯及索恩一起，获得了 2017 年的诺贝尔物理学奖。

让我们来总结一下本节课的内容。1916 年，爱因斯坦用广义相对论预言了引力波的存在。引力波是时空本身的涟漪。当引力波传来的时候，时空会在与引力波垂直的方向上发生周期性的形变，而置身其中的物体也会发生周期性的伸缩。但引力波极其微弱，通常只能使一把 1000 千米长的尺子伸缩一千万亿分之一米，相当于一个原子核的直径。因此，几乎没人相信引力波能被测到，就连爱因斯坦本人也曾想否定引力波的存在。

第一个相信引力波能被测到的人是美国物理学家韦伯。他发明了韦伯棒，想利用共振来探测引力波。但由于一开始就走错了路，韦伯的努力最终以失败告终。不过好消息是，美国天文学家赫尔斯和泰勒通过对一个脉冲双星"PSR 1913+16"的观测，间接证明了引力波的存在。

1967 年，在给研究生上广义相对论课程的时候，麻省理工学院教授韦斯萌生了用激光干涉仪去探测引力波的想法。20 世纪 70 年代，加州理工学院教授索恩和德雷弗也加入了他的行列。1984 年，NSF 要求这两大团队合二为一，从而形成了 LIGO 的雏形。在后来的"政治斗争"中，这三大创始人全都离开了 LIGO 的最高层，德雷弗甚至被 LIGO 扫地出门。但在巴里什的努力下，LIGO 终于在 1994 年得到了 NSF 3.95 亿美元的资助，从而把探测引力波的梦想变成现实。

2015 年 9 月 14 日，经历了整整 100 年的等待后，LIGO 终于探测到历史上的第一个引力波信号 "GW150914"。这个伟大的发现获让韦斯、索恩和巴里什得了 2017 年的诺贝尔物理学奖；更重要的是，它为人类打开了引力波时代的大门。

1. 一般重大科研成果要想获得诺贝尔奖，往往要经历好几十年的等待。但引力波的探测，从发表论文到获得诺贝尔奖，只花了短短的一年零八个月。

2. 引力波是广义相对论的最后一个预言。讽刺的是，尽管早就被其他实验验证，广义相对论本身却没有获得过诺贝尔奖。

3. 严格地说，引力波使地球上的物体发生伸缩的比例其实取决于两个因素：引力波源发出的引力波总能量和引力波源与地球之间的距离。总能量越大，或离地球距离越近，物体的伸缩比例就越大。

4. 引力波有一个很重要的特点：穿透能力特别强。假如把我们的宇宙用番茄酱填满，穿过 4000 多个这样的宇宙，引力波的能量也只会损失 1%。

5. 爱因斯坦与罗森还合写过一篇非常有名的文章。在这篇文章中，他们提出宇宙中可能存在一种连接两个不同时空的狭窄隧道。这就是著名的爱因斯坦－罗森桥，也叫虫洞。

⑥ 罗伯逊是宇宙学历史上的一位重要人物。早在哈勃发现宇宙膨胀以前，罗伯逊就从理论上指出了宇宙膨胀的可能性。这让他成了最早相信宇宙膨胀的四位科学家之一。另外三人分别是弗里德曼、勒梅特和沃克。

⑦ 珍珠港事件让韦伯永生难忘。他后来经常给学生讲他当年服役的军舰沉入海底的细节。

⑧ 学术休假是美国学术界通行的一种制度。拥有终身教职（一般是正教授和副教授）的大学老师，每七年就可以休假一年。在休假期间，他们可以去别的大学访问，也可以通过其他的方式来充电。休假的这一年，就是所谓的学术休假年。

⑨ 韦伯其实也想到过用激光干涉仪来测量引力波，但他后来放弃了这种想法。

⑩ 尽管在攻读博士学位期间就做出了后来拿到诺贝尔奖的工作，赫尔斯在学术界的发展却一直不太顺利。他甚至在做诺贝尔奖获奖报告的时候，还抱怨了学术界的工作难找。

⑪ 少年时代的韦斯经常和纽约的黑帮分子打交道。他帮那些黑帮分子修理各种电子设备，以换取他们的"保护"。

⑫ 除了是引力波探测的泰斗，韦斯也是宇宙微波背景（简称CMB）观测的传奇人物。2006 年的诺贝尔物理学奖授予了 CMB探测卫星 COBE 的两位项目负责人约翰·马瑟和乔治·斯穆特。事实上，韦斯是这个卫星科学工作小组的主席。如果这次诺贝尔奖像往常一样发给三个人的话，韦斯就会因此而获奖。

⑬ 索恩曾经深入研究过一个在学术界相当非主流的领域：虫洞和时间旅行。

⑭ 索恩最初对用激光干涉测引力波的想法毫无兴趣。在他的著名教科书《引力》中，索恩公然宣称韦斯的想法是没有前途的。后来，

韦斯把书中的这段话专门打印了出来。只要索恩到麻省理工学院访问，韦斯就把它贴在自己办公室的门口。

⑮ LIGO 三巨头之间其实并不和谐。德雷弗与索恩的关系很好，但他与韦斯的关系却并不融洽。

⑯ 赶走德雷弗以后，沃格特的声望也受到了严重的影响，致使他在 LIGO 合作组里很难开展工作。不过在即将下台之际，他还是做了一个英明的决定：推荐巴里什来做自己的继任者。

⑰ 早在 2016 年，LIGO 三巨头就已经拿遍了除诺贝尔奖以外的几乎所有物理学大奖，包括总奖金是诺贝尔奖好几倍的科学突破奖。如果德雷弗没有因病去世，巴里什不会拿到诺贝尔奖。

⑱ 巴里什曾任美国物理学会的会长。他也是第一位获得诺贝尔奖的科学经理。

⑲ LIGO 已经探测到了 6 次引力波事件。前 5 次（4 次确认、1 次疑

似）的引力波都来自两个黑洞的并合。双黑洞并合有一个特点：只能发出引力波，不能发出电磁辐射。换句话说，我们只能"听"到，而无法看到这些黑洞并合事件。但在 2017 年 10 月 16 日，LIGO 与全球 70 多家天文机构共同宣布，人类第一次探测到了双中子星并合所产生的引力波。换句话说，人类终于在天上发现了一场既能看又能听的双星舞蹈秀。

20 最后这次的双中子星并合，大概产生了多达 300 个地球质量的金子。

2

光速是怎么影响时空的

第 2 讲

相信有很多小朋友都听过这样的说法：在 20 世纪，有两座全新的物理学大厦拔地而起；它们推动了 20 世纪的科技革命，并且给我们的世界带来了翻天覆地的变化。以前，我带大家游览过其中一座大厦——量子力学。现在，我要带大家游览另一座大厦——相对论。

　　相对论是由大科学家爱因斯坦创立的一个描述时空和引力的科学理论。它包括两部分：狭义相对论和广义相对论。其中狭义相对论描述的是时空，而广义相对论描述的是引力。这节课我们先讲时空，下节课再谈引力。

　　为了说清楚什么是时空，让我从一个大家在日常生活中最熟悉的事物说起，那就是光。

光是世界上最不可或缺的事物之一。如果没有光，整个世界都将陷入永恒的黑暗。就连《圣经》中上帝创造世界时说的第一句话都是"要有光"。

但长久以来，有一个问题一直困扰着人类：光的速度（简称光速）到底是多少？

过去，人们对光速到底是有限的还是无限的一直争论不休。最早想出一个办法来测量光速的人，是被誉为实验物理学之父的大科学家伽利略。

● 伽利略 ●

伽利略最早学的并不是物理学，而是医学。17岁的时候，他进入意大利比萨大学攻读医学学士学位。不久之后，伽利略注意到学校教堂里有一盏不断摆动的吊灯。通过与自己的心跳进行对比，他发现无论这盏吊灯的摆动幅度是大是小，它摆回到初始位置所花的时间都相同。换句话说，像这种不断摆动的物体，完全可以用来计量时间。这个发现被称为"单摆原理"。后来荷兰物理学家惠更斯就是利用这个单摆原理，制成了世界上第一个摆钟。

发现"单摆原理"以后，伽利略就逐渐放弃了医学，而把兴趣转向物理学。他很快就崭露头角。8年之后，年仅25岁的伽利略就当上了比萨大学的教授。此后，他开始了辉煌的学术生涯，并为学术界建立了科学理论必须用实验检验的重要传统。

下面我给大家讲讲伽利略提出的那个测量光速的实验。这个实验相当简单。伽利略派出两组人跑到两座相距1.5千米的山上。这两组人各拿着一盏改造后的煤油灯。所谓的改造，其实就是在灯的前面加了一个可以滑动的挡板：挡板放下，灯光就会被遮住；挡板拉起，灯光就会露出来。实验过程中，第一座山上的人先拉起挡板，他的同伴立刻开始计时。第二座山上的人看到第一盏煤油灯的灯光后，也立刻拉起自己的挡板。当第一座山上的人看到第二盏灯的灯光后，立刻停止计时。这样一来，用3千米除以第一座山上的人所记的时间，就是光速。但由于光速实在太快，这个实验以失败告终。

在伽利略去世30年后，终于有一个人成功证明了光速是有限的。他就

是丹麦天文学家奥勒·罗默。

在讲罗默的证明方法之前，我先给小朋友们补充一点天文知识。大家都知道，太阳位于太阳系的中心，而外面有8颗行星在同一个平面内绕着它旋转。从内往外数，第3颗是我们生活的地球，第5颗则是太阳系中块

● 罗默 ●

头最大的行星——木星。木星也有它自己的卫星，其中离木星最近的那颗卫星叫木卫一。就像月球会绕地球旋转一样，木卫一也会绕木星旋转；而且它的旋转速度很快，只要花 42.5 小时就能环绕木星一圈。由于地球、木星和木卫一都处在同一个平面上，当木卫一绕到木星背后的时候，就会被木星挡住，让我们无法再看到它。这个现象被称为"木卫一蚀"。

知道了木卫一蚀的概念以后，我们就可以来讲为什么光速有限了。给大家看一张图，这就是罗默用来证明光速有限的原理图。图中的 A 点是太阳，环绕它的大圆是地球的运动轨道；而 B 点是木星，环绕它的小圆是木卫一的运动轨道。木卫一按逆时针的方向绕木星旋转；当它处于 C 点和 D 点之间时，就会被木星遮住，从而出现木卫一蚀。

在地球上，用望远镜可以观察到木卫一刚进入木星阴影（C 点）或刚

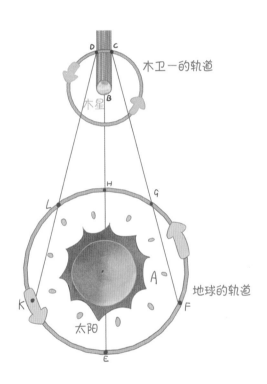

离开木星阴影（D 点）的瞬间。通过计算木卫一两次到达 C 点或两次到达
D 点的时间间隔，就可以测出木卫一绕木星转一圈的时间。如果光速是无
限的，那么无论地球离木星是远是近，我们都会每隔 42.5 小时看到木卫一
到达 C 点或 D 点。换句话说，我们观测到的木卫一绕木星转一圈的时间将

恒定不变。

但罗默认真地观测了数年后发现，真实情况并非如此。地球按逆时针的方向绕太阳旋转。当地球逐渐接近木星的时候（从图中的 F 点运动到 G 点），实际观测到的木卫一两次到达 C 点的时间间隔会越来越小。反过来，当它逐渐远离木星的时候（从图中的 L 点运动到 K 点），实际观测到的木卫一两次到达 D 点的时间间隔会越来越大。这意味着，光从木星周围传到相距较近的 G、L 两点所花的时间较短，而传到相距较远的 F、K 两点所花的时间较长。这就有力地证明了光速确实是有限的。

可能有些小朋友会有疑问了："为什么在地球绕太阳旋转的过程中，木星的位置没有发生改变呢？"原因是，木星绕太阳转一圈的时间大概是 12 年。换句话说，与地球相比，木星相对于太阳的位置变化并不明显。因此可以近似地认为它的位置没有发生改变。

此后，很多物理学家和天文学家想了不少办法来测量光速。他们的测量结果最后都指向一个共同的数字：每秒 30 万千米。这是什么概念呢？相当于光在短短 1 秒之内，就绕地球赤道跑了七圈半！说到这儿，你就能明白为什么伽利略的办法无法测出光速了。伽利略选择的两座山之间的往返距离只有区区 3 千米。光跑上一个来回，只需要花短短的 10 万分之一秒。这么微小的时间间隔，以伽利略时代的技术根本就不可能测出来。

由于篇幅所限，我就不给小朋友们逐一介绍那些测量光速的科学家了。我只给你们介绍其中最有名的一位。他就是美国历史上第一位诺贝尔物理学奖得主阿尔伯特·迈克尔逊。

● 迈克尔逊 ●

很多小朋友都知道，美国现在是全球第一科技强国，同时也是获得诺贝尔奖最多的国家。不过在 20 世纪初，美国在世界科学版图上还只是一个无足轻重的小角色。迈克尔逊于 1907 年获得诺贝尔物理学奖，让美国实现了诺贝尔奖历史上零的突破。但这个为美国实现历史性突破的人，早年的学术履历却颇为"寒酸"。

迈克尔逊于 1869 年考入美国海军学院，并于 1873 年正常毕业。在美国海军服役两年之后，他于 1875 年重返母校，成了那里的一名教师。1880 年，迈克尔逊获得了一笔奖学金，去欧洲留学了两年。他先后去过德国和法国的四所大学，却没能拿到任何学位。换句话说，他只是跑到欧洲旅游了两年。

出身于一所毫无学术传统的军校，又没能在欧洲镀上金，正常情况下，这样的学术履历根本无法在学术界立足。但迈克尔逊有一个特别之处：早在去欧洲留学之前，他就已经做过测量光速的实验，并且得到了当时世界上最好的结果。也就是说，在出国以前，他就已经是光速测量领域的知名学者了。这让他在一所名气不大的美国大学里找到了一个正式的教职。

回国以后，迈克尔逊重操旧业，干起了测量光速的老本行。此后近50年的时间里，他一直没有换过自己的研究方向，最终成了国际光速测量领域最大的权威。不过，他之所以能拥有这样的盛名，其实是由于一次著名的"失败"。

在讲迈克尔逊的"失败"之前，我要先问小朋友们一个很关键的问题：我们刚才一直在谈的光速，到底是光相对于什么的速度？

这个问题不太好回答。所以下面我会讲得详细一点。

在日常生活中，当我们谈论某个物体的速度时，一定得先说明这个速度是相对于什么事物（科学家一般称之为"参考系"）而言的。同一个物体，在不同的参考系中会有不同的速度。

举个例子，一个运动员，1 秒钟跑 10 米；一列火车，1 秒钟跑 100 米。现在这个运动员登上这列向右行驶的火车，在车厢里跑步，那这个运动员的速度是多少？

要想回答这个问题，就必须先指明这个速度到底是相对于哪个参考系而言的。相对于火车的参考系，运动员的速度一直都是 10 米每秒。而相对于地面的参考系，则有两种可能：如果运动员在向右跑，也就是与火车的运动方向相同，那这个速度等于火车与运动员的速度之和，即 110 米每秒；如果运动员在向左跑，也就是与火车的运动方向相反，这个速度等于火车

与运动员的速度之差，即 90 米每秒。换句话说，要是以地面为参考系，运动员的速度和火车的速度就得进行叠加。这应该不难理解，对吧？

为了后面能更方便地讲狭义相对论，我再给小朋友们补充一点物理学知识。无论是运动员还是火车，都在以不变的速度沿直线运动，这叫作匀速直线运动。在物理学中，一般把一直静止或一直做匀速直线运动的物体所对应的参考系称为"惯性系"。

大物理学家伽利略指出，所有的惯性系都拥有完全相同的力学规律。举例来说，如果运动员一直以均匀的速度跑步，那无论是对静止的地面参考系而言，还是对匀速直线运动的火车参考系而言，这个运动员都在做匀速直线运动，即力学规律相同。这就是"伽利略相对性原理"。

此外，相对于地面参考系，火车一直在以 100 米每秒的速度运动。所以地面参考系和火车参考系之间的距离变化，就等于 100 米每秒乘以它们的运动时间。这意味着，两个彼此运动的惯性系之间的位置之差等于它们的相对速度乘以它们的运动时间，而它们的运动时间则完全同步。这就是著名的"伽利略变换"。我们刚才计算运动员相对于地面参考系的速度时，就用到了这个伽利略变换。

　　言归正传。知道了谈论速度前一定要指明参考系的道理，现在我们可以重新审视一下前面提到的那个关键问题了：所谓的光速，到底是光相对于什么参考系的速度？

　　在20世纪以前，科学家一直相信这个问题的答案是"以太"。

　　以太这个概念，最早是由古希腊哲学家亚里士多德提出的。它是一种假想的物质，均匀地分布在宇宙中的每一个角落，而且始终保持绝对静止。由于它的密度很低，我们无法感受到它的存在。

　　后来，法国哲学家笛卡儿给以太赋予了物理学的含义。他宣称，以太是用来传播光的东西。

　　众所周知，水波要靠水来传播，声波要靠空气来传播；要是没有水和空气，就不会有水波和声波。我们已经讲过，光本身也是一种波。那光要靠什么来传播呢？笛卡儿认为，传播光的东西就是以太。

● 笛卡儿 ●

以现在的眼光看来，以太其实是物理学史上最大的垃圾桶。在 20 世纪以前，凡是解决不了的难题，人们都会用以太来解释。比如说，以前的科学家普遍相信，所谓的光速其实就是光相对于以太参考系的速度。换句话说，那时的人把以太当成一种绝对静止的存在；世界上一切物体的速度，都是它们相对于以太参考系的速度。

了解了"伽利略变换"和"以太"这两个概念，现在我们可以来讲讲迈克尔逊的"失败"了。迈克尔逊是以太的忠实信徒，他希望用物理实验来验证以太的存在。

大家都知道，地球在绕太阳旋转；它的运动速度是 30 千米每秒，大概是光速的万分之一。这个速度是相对于以太参考系而言的。反过来讲，如果把地球视为静止不动的，那么以太就相对于地球以 30 千米每秒的速度运动。这种感觉，就像是一阵 30 千米每秒的大风刮过静止不动的地球。这就是所谓的"以太风"。

为了探测以太风，迈克尔逊在 19 世纪 80 年代发明了一个仪器，叫作"迈克尔逊干涉仪"。这个神奇的仪器先后成就了两次诺贝尔物理学奖，而且这两次获奖时间相隔整整 110 年。因为发明了这个仪器，迈克尔逊获得了 1907 年的诺贝尔物理学奖。而在 20 世纪末，一些物理学家对这个仪器加以改进，从而造出我们上一讲中提到的激光干涉仪。由于激光干涉仪于 2015 年 9 月 14 日首次探测到引力波的存在，韦斯、索恩和巴里什也获得了 2017 年的诺贝尔物理学奖。

下页这张图就展示了迈克尔逊干涉仪探测以太风的原理。它和上一讲中提到的激光干涉仪很相似。一束从左边光源发出的光，在遇到一个倾斜放置的分光镜以后，会分裂成两束光。这两束光会沿两个互相垂直的方向继续前进，被两个与分光镜距离相等的反射镜反射回来以后，又重新汇聚并投射到下边的观测屏上。分光镜与反射镜之间的距离，被称为干涉仪的臂长。由于两束光的速度及两个方向的干涉仪臂长都相同，它们将会同时到达观测屏。

但考虑到以太风的存在，情况就有所不同了。假设此时地球相对于以太参考系，正在向右运动。根据我们前面讲到过的伽利略变换，光速要和以太风速进行叠加。穿过分光镜继续向右运动的那束光，它将与以太风进行线性叠加。这有点像我们前面举过的那个运动员和火车的例子：当光向右跑的时候，合成的速度等于光速和以太风速之和；当光向左跑的时候，

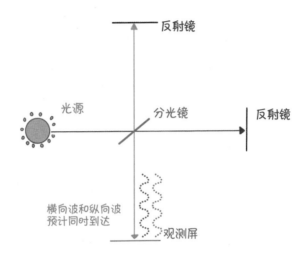

横向波和纵向波
预计同时到达

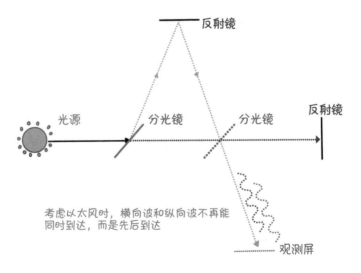

考虑以太风时，横向波和纵向波不再能
同时到达，而是先后到达

合成的速度等于光速和以太风速之差。被分光镜反射而向上运动的那束光，将与以太风按平行四边形定则进行叠加。简单地说，以方向朝上的光速和方向朝右的以太风速为邻边，可以画一个平行四边形，这个平行四边形的对角线就是最后合成的速度。

由于两束光的运动速度发生了改变，它们就无法再同时到达观测屏，而是一先一后地到达。事实上，往上运动的那束光会先到，而往右运动的那束光会后到。

然后，让整个迈克尔逊干涉仪旋转90度。这样一来，两束光与以太风的叠加方式就会互换，从而使它们到达观测屏的时间发生颠倒。也就是说，这回是右面的那束光先到，而上面的那束光后到。到达时间的差异会使这两束光汇聚后的干涉条纹发生明显的改变，进而被人们辨别出来。

1887年，迈克尔逊开始与化学家爱德华·莫雷合作，用迈克尔逊干涉仪来探测以太风。为了提高实验精度，他们把干涉仪装在了一块大理石上，然后又让大理石漂浮在一个水银槽里。两人一开始还信心满满，觉得很快就能探测到以太的存在，结果折腾了很长时间，他们也没有观测到干涉条纹出现任何改变，不得不宣布探测以太的努力以失败告终。

● 洛伦兹 ●

顺便说一句，迈克尔逊一生都是以太的信徒。一直到死，他都认为以太肯定存在，只是自己的能力不够，没找着它。

为了解释迈克尔逊－莫雷实验，并挽救摇摇欲坠的以太理论，不少科学家都站了出来。其中最有名的是荷兰物理学家洛伦兹。

除了9岁那年母亲去世，洛伦兹一生都顺风顺水。17岁，他考入荷兰的莱顿大学，学习物理和数学。22岁，他获得了博士学位。24岁，他成了莱顿大学的理论物理教授。28岁，他当选为荷兰皇家艺术与科学院院士。49岁，他获得了1902年的诺贝尔物理学奖。

当然，即使是洛伦兹这样的超级大牛，也会有自己的烦恼。长期以来，莱顿大学一直不重视理论物理，所以只给实验物理教授配备了实验室，而不给洛伦兹配备。洛伦兹拿到诺贝尔奖之后，他跑去找学校，希望要一间自己的实验室。学校先是满口答应，后来却莫名其妙地食了言。堂堂诺贝尔物理学奖得主,却连一间小小的实验室都没能要到,这让洛伦兹非常失望。后来,直到他从莱顿大学退休,并搬到另一座城市去当一个博物馆的馆长的时候,洛伦兹才终于拥有了一个自己的实验室。

但与另一件事所带来的痛苦相比,没有自己的实验室就完全不算什么了。洛伦兹是经典物理学的最后一批信徒。所谓的经典物理学,是指在牛顿爵士完成力学大综合和麦克斯韦完成电磁学大综合之后,建立起来的一座金碧辉煌的物理学大厦。在 19 世纪末,经典物理学的信徒们都相信人类已经掌握了宇宙的终极真理。但到了 20 世纪,以相对论和量子力学为代表的物理学革命彻底颠覆了这种认知。眼看着自己心爱的经典物理学大厦一天天衰落,洛伦兹异常痛苦。他甚至曾哀叹,为什么自己不在 20 世纪之前死去。

说到这儿,可能会有不少小朋友把洛伦兹当成一个顽固不化的老古董吧?其实完全不是。洛伦兹为狭义相对论的创立做出了巨大的贡献。

我们前面讲过,迈克尔逊干涉仪能把一束光分成两束彼此垂直的光;它们被反射镜反射后,会汇聚到观测屏上。如果以太真的存在,而且伽利略变换也是对的,那么它们到达观测屏的时间就会出现差异。但迈克尔逊和莫雷探测了两年之久，也没有发现这两束光的到达时间存在任何差异。问题到底出在哪里呢？

洛伦兹想出了一个好办法来解决这个问题。他提出了一种假说，认为物体的长度并非固定不变；当它相对于以太运动时，在运动方向上的长度会发生收缩。换言之，由于迈克尔逊干涉仪在和地球一起相对于以太运动，此运动方向上的干涉仪臂长就会变短。这就是著名的"尺缩效应"。本来，与以太风一样往右运动的那束光会较晚到达观测屏，但由于此方向上的干涉仪臂长变短了，它就可以与另一束光同时到达。这样一来，迈克尔逊和莫雷发现的两束光永远同时到达的现象就得到了圆满的解释。

有些小朋友可能会问了：如果以太风运动方向上的干涉仪臂长真会变短，那它到底变成了什么样子？答案是等于原来的长度乘以一个在 0 到 1 之间变化的系数，也就是所谓的洛伦兹因子。洛伦兹因子的大小与地球相对于以太参考系的运动速度有关（具体的公式已在本节课的延伸阅读中给出）。如果这个速度远远小于光速，洛伦兹因子就会趋向于 1；如果这个速度趋近于光速，洛伦兹因子就会趋向于 0。也就是说，物体的运动速度越大，其运动方向上的长度就会变得越短。

很明显，一旦引入洛伦兹因子，我们前面讲过的伽利略变换就不再成立了。为此，洛伦兹专门写了一组用来代替伽利略变换的新公式，被称为"洛伦兹变换"。二者之间最大的区别是，伽利略变换只取决于两个惯性系之间的相对速度，而洛伦兹变换除了依赖于这个相对速度，还与光速有关。当这个相对速度远远小于光速的时候，洛伦兹变换就会变回伽利略变换，所以它与我们日常生活中的种种现象没有任何矛盾；当这个相对速度接近光速的时候，它就会表现出与伽利略变换明显的不同，从而顺利解决迈克尔逊－莫雷实验的问题。

洛伦兹的新方法能成功地解释迈克尔逊－莫雷实验，但也带来了不少新问题。比如说，为什么运动物体的长度会在它的运动方向上发生收缩，洛伦兹就说不清楚了。就在大家都还是一头雾水的时候，一个年轻的犹太人登上了历史的舞台。他就是我们这本书的主角——爱因斯坦。

爱因斯坦是历史上最著名的科学家之一。他是人类进入电视时代以后最大牌的科学明星，其影响力早已远远超出学术圈。下面，我就举一个能说明他巨大影响力的例子。

1921 年，爱因斯坦认识了一个叫哈伊姆·魏茨曼的犹太裔化学家。这个魏茨曼可不是一个普通的化学家，他还是犹太复国运动的领导人。他想为当时还没有自己国家的犹太民族建一所自己的大学，所以就邀请当时已经名动天下的爱因斯坦和他一起去美国，好向那些特别有钱的美国犹太裔老板募捐。由于爱因斯坦的鼎力相助，这次募捐活动取得了远超预期的成功。四年之后，第一所犹太人的大学（希伯来大学）正式成立，爱因斯坦也成了这所大学的第一任校董。

1948 年，以色列建国，魏茨曼成为以色列的首任总统。1952 年，魏茨曼因病逝世。随后，以色列驻美国大使就向爱因斯坦转交了以色列总理本－古里安的亲笔信。在这封信中，古里安正式邀请爱因斯坦出任以色列总统。对科学家而言，这可是一件前所未有的事情。以前牛顿被英国女王册封为爵士，就已经轰动得不得了。而现在，爱因斯坦竟然有机会直接当一国元首！不久之后，爱因斯坦却在一家报纸上发表声明，谢绝出任以色列总统。为此，他还留下了一句名言："方程对我而言更重要。因为政治是为了当前，而方程却是一种永恒的东西。"

不只生前，爱因斯坦死后的经历也同样传奇。事实上，这段经历甚至能拍成一部恐怖片。1955 年 4 月 18 日，爱因斯坦在普林斯顿大学医院病逝。

一个叫托马斯·哈维的医生，竟趁乱偷走了爱因斯坦的大脑。随后，他打着要进行科学研究的旗号，忽悠爱因斯坦的家人签了一份同意书，把爱因斯坦的大脑据为己有。不久之后，普林斯顿大学医院与哈维之间爆发了严重的冲突：医院要求哈维交出爱因斯坦的大脑，好让其他的医生也能进行研究；但哈维想要一个人吃独食，不想让其他同事研究爱因斯坦的大脑。由于他的一意孤行，哈维最后被医院解雇。从那以后，哈维的人生就开始走下坡路：他失去了自己的行医执照，和妻子离了婚，还过上了居无定所的生活。但他对爱因斯坦是真爱。不管走到哪里，他都一直带着爱因斯坦的大脑。

言归正传，让我们回到1905年。那一年被后人称为"物理学奇迹年"。为什么叫物理学奇迹年呢？因为在这一年，爱因斯坦一口气发表了五篇划时代的论文，在三个截然不同的物理学领域都做出了历史性的贡献。下面我就来给大家讲讲其中最有名的一篇论文。在这篇名为《论动体的电动力学》的论文中，爱因斯坦提出了狭义相对论。

狭义相对论源于两条公理。所谓的公理，就是肯定正确、完全不需要任何证明的科学原理。如果把狭义相对论比作一栋房子，那这两条公理就相当于这栋房子的两块基石。第一条公理叫狭义相对性原理。我们前面已经讲过伽利略相对性原理：所有的惯性系都拥有完全相同的力学规律。而狭义相对性原理只是在此基础上做了一点小小的拓展。它说的是，所有的惯性系都拥有完全相同的物理学规律。换句话说，除了力学规律，其他的物理学规律（例如电磁学规律）也不会因为换了个惯性系就发生改变。

这其实很好理解。人们普遍相信，物理学之所以有用，是因为它具有普适性。也就是说，在地球上发现的物理学规律，应该能适用于整个宇宙。要是换了个惯性系，物理学规律就随之而改变，那物理学的普适性就会被打破。这样一来，物理学就会失去它存在的意义。所以，狭义相对性原理肯定是正确的。

理解第一条公理，对聪明的小朋友来说应该不是什么难事。但要理解狭义相对论的第二条公理，就不是那么容易了。第二条公理叫光速不变原理。它说的是，不管对于哪个参考系，光速都不会发生改变。

我们还是用运动员和火车的例子来加以说明。假设火车以30万千米每秒的速度向右行驶，而运动员也以30万千米每秒的速度在火车上向右跑，那么对地面的参考系而言，运动员的运动速度是多少？可能有些小朋友会脱口而出："60 万千米每秒。"事实上，这个答案是错的。因为 30 万千米每秒就已经是光速了。按照光速不变原理，光速的大小不会因参考系的不同而改变。既然运动员的运动速度已达到和光速一样的 30 万千米每秒，那么无论在火车参考系中还是在地面参考系中，他的速度都是 30 万千米每秒。换言之，一旦某个物体本身的运动速度达到光速，就不能再把它的速度与其他惯性系的速度进行叠加。

听起来特别匪夷所思，对吧？但你要是接受了光速不变的观点，再回过头去看迈克尔逊 - 莫雷实验，一切马上就会变得豁然开朗了。由于迈克尔逊干涉仪的两个臂长相等，如果速度不变，被分开的两束光就会同时到达观测屏。根据牛顿力学的观点，如果以太真的存在，它就会以一定的速度相对于地球运动，这就是所谓的以太风。此时，按照伽利略变换理论，以太风的速度将以线性和平行四边形这两种方式，与两束互相垂直的光进行叠加，从而使两束光一前一后地到达观测屏。但爱因斯坦告诉我们，这种传统的观点是错误的。根据光速不变原理，这两束光根本不会与以太风的运动速度进行叠加。这样一来，它们还是会同时到达观测屏，这与迈克尔逊和莫雷的实验结果完全一致。

更关键的是，从这两条公理出发，爱因斯坦直接推导出洛伦兹变换的公式。这意味着爱因斯坦从理论上严格地证明了，当一个物体在一个惯性系中的运动速度接近光速的时候，要想描述它在另一个惯性系中的运动，就不能再使用伽利略变换，而必须使用洛伦兹变换。换句话说，如果一个物体的运动速度远远小于光速，它就满足伽利略变换，这时描述它运动规律的物理学理论就是牛顿力学；如果它的运动速度接近光速，它就满足洛伦兹变换，这时描述它运动规律的物理学理论就是狭义相对论。因此，洛伦兹变换其实就是狭义相对论中最核心的公式。

但必须强调的是，狭义相对论和洛伦兹的理论之间有一个最大的区别：在狭义相对论中，根本没有以太的立足之地。现在的物理学家已经普遍接受了爱因斯坦的观点：20世纪以前的科学家寻找了那么久的以太，其实根本就不存在。

换句话说，洛伦兹是从错误的基础出发，得到了正确的结论。他为了解释迈克尔逊 – 莫雷实验而拼凑出来的公式，却阴差阳错地成了相对论大厦里最核心的支柱。

需要特别说明的是，在狭义相对论中，尺缩效应就变得比较好理解了。

为什么运动物体的长度会变短呢？答案是它本身并没有变短，只是在外部观察者的眼中变短了而已。还是用我们的老例子。一列火车以接近光速的速度运动。对待在火车内部的运动员而言，火车的长度一点都没有变短。但对一个站在地面的人而言，火车的长度却显著地缩短了；而且火车的速度越快，它在这个人眼中就缩短得越厉害。你可以把尺缩效应理解成一种由于观察角度不同而产生的观测效应。事实上，这种观测效应在现实生活中并不罕见。比如说，一个人离你比较远，你就会觉得他的个子比较矮；等他走到你附近的时候，你就会觉得他的个子长高了。其实，他的个子一直都没有改变，只是你对他的观察角度发生了改变而已。这样一来，火车的长短取决于它与观察者之间的相对速度就不难理解了。

狭义相对论预言了牛顿力学中没有的一些新现象。前面讲洛伦兹理论的时候，其实已经提到了其中一种现象——尺缩效应。下面我来讲讲另一种奇妙的现象——钟慢效应。

下页图就是钟慢效应的基本图像。左图是一个处于静止参考系中的光钟。所谓的光钟，就是用光来计量时间的钟。从镜子 A 射出的一束光，被镜子 B 反射以后，又会回到镜子 A。由于光速以及两面镜子的间距总是固

给孩子讲相对论

066

定的，所以光在其中往返一次的时间也会保持不变。这样，我们就可以用光钟来测量时间。然后，我们把这个光钟带上一列向右运动着的火车。对一个待在火车里的人而言，这个光钟的运动状态与左图没有任何区别。但对一个依然留在地面的人而言，这个光钟的运动状态就变成了右图的样子。由于光的路径变成了斜线，相应的路程就会变得比原来的直线要长。这意味着，对留在地面的观测者来说，火车中的光要想在两面镜子间往返一次，需要花上更长的时间。也就是说，火车中的时间会变慢。这就是所谓的钟慢效应。

钟慢效应告诉我们一件很重要的事。对一个运动速度接近光速的物体而言，不只是它的长度，就连它的时间也不再固定不变。换句话说，与宏观

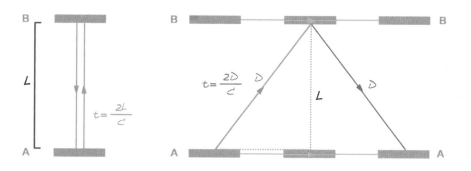

低速世界相比，宏观高速世界里的空间和时间都会改变，并且会与光速发生紧密的联系。最早在狭义相对论的框架下，清晰地阐述空间、时间及光速之间联系的人，是犹太裔数学家闵可夫斯基。

● 闵可夫斯基 ●

1896 年，闵可夫斯基出任苏黎世联邦理工学院数学系教授。在那里，他遇到了一个特别顽劣的学生。这个学生特别喜欢逃课；就算去了，也总是趴在桌子上睡觉。更可气的是，此人还特别傲慢，根本不把他的老师放在眼里。闵可夫斯基非常讨厌这个学生，甚至还曾在一封给朋友的信中大骂他是一条懒狗。

1902 年，闵可夫斯基跳槽到声名显赫的德国哥廷根大学数学系。三年之后，他看到一篇对他的学术生涯产生重大影响的物理学论文。这篇论文的作者就是当年被他骂为懒狗的那个学生，即爱因斯坦。当然，这篇论文就是正式提出狭义相对论的《论动体的电动力学》。

闵可夫斯基很快就成了爱因斯坦的忠实粉丝之一。他对爱因斯坦提出的狭义相对论佩服得五体投地。但有一点他并不满意。他觉得这个前学生的数学不好，没能用简洁的数学语言把狭义相对论清晰地表达出来。为此，闵可夫斯基在 1907 年发表了一篇重新解释狭义相对论的文章。在这篇文章里，他提出了一个非常重要的概念，那就是我们在本节课一开始就提到的"时空"。科学家也经常叫它"四维时空"。

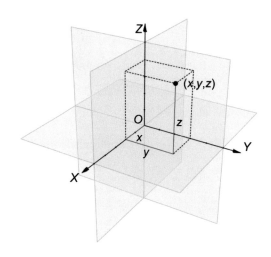

　　为了解释四维时空，让我先从大家都比较熟悉的三维空间讲起。众所周知，我们日常生活的空间是由长、宽、高这三个维度构成的。为了更好地描述这个空间中物体的运动，我们前面提到过的法国哲学家笛卡儿引入了直角坐标系的概念：在我们日常生活的空间中，可以画出三条经过同一原点且互相垂直的数轴，它们分别代表了长、宽、高这三个方向。只要知道空间中的某一点在这三条数轴上所对应的数值，就能确定这个点在空间中的准确位置。这就是所谓的空间直角坐标系。用这个坐标系描述的空间，就是著名的三维欧式空间。

但闵可夫斯基认为，三维欧式空间并不足以描述真实的世界。在他看来，

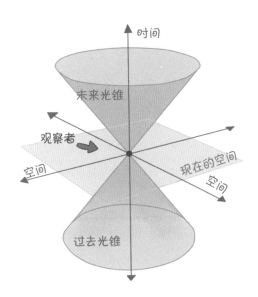

真实的世界应该是上图呈现的样子。

与三维欧式空间相比，这张图又增加了第四条数轴，它代表的是时间。由于空间的长、宽、高之间互不干涉，所以三条空间轴会彼此垂直。类似地，时间和空间也互不干涉，所以这条时间轴也会与三条空间轴垂直。有些聪明的小朋友可能已经注意到了一个很大的问题：空间和时间的单位都不一样，空间的单位是米，而时间的单位是秒，为什么可以画在一起？答案其实很简单。空间和时间只相差一个速度的单位。换句话说，只要让时间乘上某个速度，就可以与空间拥有相同的单位。那到底应该乘以哪个速度呢？聪明的小朋友可能已经反应过来了，那就是我们这节课一直在讲的光速。也就是说，用时间乘以光速后，就可以在原来三维欧式空间的基础上增加一条与其他空间轴都垂直的时间轴。这样一来，原本的三维空间就变成了四维。这就是所谓的四维闵氏时空。

在四维闵氏时空中，时间和空间不再是两种毫无关联的事物，而是通过光速紧密地联系在一起了。换句话说，在狭义相对论中，时间和空间其实是同一个事物的两个不同侧面。这个由时间和空间组合而成的事物，就是"时空"。

这张图上还有两个大小相同且顶点相交的圆锥，名叫光锥。下面，我就来解释一下它们是什么东西。

想象一个小灯泡。一按下开关，它就开始发光。最开始发出的光，会呈球形向外扩散，从而变成一个越来越大的光球。为了画图的方便，我们需要减少一个空间的维度。为此，我们将这个光球投影在地面上，一个越来越大的球就变成了一个越来越大的圆。现在我们在这个二维平面上加上一条时间轴。这样一来，最下面的是一开始时的点，中间的是传播过程中的小圆，最上面的是传播到后期的大圆。这变成什么形状了？没错，就是此图上方的那个开口向上的圆锥。如果把这个开口向上的圆锥无限地延伸下去，它就限定了这个小灯泡未来能够产生影响的时空区域：只有处于这个圆锥内的物体，才会被这个小灯泡的光照到；而凡是处于这个圆锥之外的物体，都不会受到这个小灯泡的影响。所以，这个开口向上的圆锥，就被称为"未来光锥"。

至于那个开口向下的圆锥，则被称为"过去光锥"。它限定的是过去能影响到这个小灯泡的时空区域。凡是发生在过去光锥之外的事件，都不会影响到这个小灯泡。比如说，你要是在过去光锥之外按下开关，这个灯泡肯定不会亮，因为你按的肯定是其他灯泡的开关。

过去光锥和未来光锥构成的沙漏图形，就限定了能与一个事物发生因果联系的时空区域。明白了这个图形，你就能明白狭义相对论的精髓。事实上，沙漏图形已经成了狭义相对论的徽标。为了纪念相对论诞生100周年，人们把2005年定为"国际物理年"。而这个国际物理年唯一的官方海报，用的就是沙漏的图案。

让我们来总结一下本节课的内容。在20世纪以前，人们普遍相信以太的存在。迈克尔逊发明了迈克尔逊干涉仪，来探测地球相对于以太的运动。这个仪器可以把一束光分成互相垂直的两束；它们被两个臂长相同的反射镜反射回来后，会到达同一个观测屏。按照20世纪以前的观点，干涉仪和地球一起相对于以太参考系运动，会造成以太风。根据伽利略变换理论，以太风的速度将以线性和平行四边形这两种方式，与两束光分别进行叠加，从而使这两束光一前一后地到达观测屏。但在实际观测中，迈克尔逊和莫雷却发现这两束光总是同时到达。这成了一个困扰物理学界将近20年的超级难题。

1905年，爱因斯坦提出了狭义相对论，从而解决了这个难题。他指出光速不能和其他速度进行叠加。换句话说，不管对于哪个参考系，光速都不会发生改变。这就是著名的光速不变原理。这样一来，迈克尔逊干涉仪的臂长相等，而被分开的两束光又始终保持光速，它们最后自然就会同时到达。此外，结合光速不变原理和狭义相对性原理，爱因斯坦证明，对运动速度接近光速的物体而言，伽利略变换不再成立，而必须使用洛伦兹变换。换句话说，如果一个物体的运动速度远远小于光速，它就满足伽利略变换，这时描述它运动规律的物理学理论就是牛顿力学；如果它的运动速度接近光速，它就满足洛伦兹变换，这时描述它运动规律的物理学理论就是狭义相对论。狭义相对论告诉我们，当一个物体的运动速度接近光速时，无论是它的空间还是时间，都不再是固定不变的。

随后，闵可夫斯基用简洁的数学语言重新解释了狭义相对论的物理含义。他发现将时间乘以光速后，就可以增加一条与其他空间轴都垂直的时间轴，从而把三维欧式空间变成四维闵氏时空。这样一来，时间和空间就不再是两种毫无关联的事物，而是同一个事物的两个不同的侧面。这个由时间和空间组合而成的事物，就是"时空"。因此，狭义相对论打破了时间和空间的界限，给人类带来一种全新的时空观。这也是狭义相对论带给人类最大的震撼。

延伸阅读

1　我们之所以能看到世界上的万事万物，是因为光被这些物体反射以后，射进了我们的眼睛，进而在眼睛的视网膜上成像。

2　需要强调的是，正文中所说的光速是指光在真空中的速度。光在玻璃和水等介质中的速度要小一些。

3　每秒 30 万千米其实是光速的近似值，真实值应该是每秒 299 792 千米。

4　为什么光速最快？不妨做个类比。大家知道，背着很多行李的人，行动起来会比较缓慢；而什么东西都不带的人，走起路来会比较轻快。类似地，在微观世界中，粒子静止时的质量越小，就越容易达到更高的速度。在所有微观粒子中，光子的静止质量是最小的（0），所以它可以达到最快的速度。

5　关于伽利略的一个流传最广的故事是，他在比萨斜塔上做过一个落体实验，推翻了亚里士多德的理论。但事实上，伽利略并没有做过这个实验。

⑥ 惠更斯也是一个很有成就的数学家。28 岁那年，他写了一本书，书名是《论赌博中的计算》。这让他成了概率论的重要先驱。

⑦ 罗默也计算了光的速度。但他的计算结果是错的：他算出的光速是每秒 22 万千米。

⑧ 迈克尔逊之所以能够出人头地，一个很关键的因素是他遇到了一个伯乐，那就是美国著名天文学家、《通俗天文学》的作者西蒙·纽康。

⑨ 迈克尔逊非常痛恨抛弃了以太的相对论。一直到死，他都把相对论视为一个"怪物"。

⑩ 莫雷虽然没有和迈克尔逊一起分享诺贝尔奖，但他后来当上了美国化学学会的会长。

⑪ 与牛顿、莱布尼茨等 17 世纪的科学巨匠一样，笛卡儿也是终身未婚。

⑫ 除了传播光以外，笛卡儿认为以太也能传递引力。这充分说明了以太的垃圾桶特性。

⑬ 洛伦兹非常德高望重。因此，他在 1911 年被选为著名的索尔维物理学会议的第一任主席。

⑭ 洛伦兹去世的时候，荷兰为他举行了国葬。当天，荷兰全国的电报和电话都中止了三分钟。

⑮ 为了方便那些想多了解一点数学细节的读者，我在这里给出尺缩效应的公式：$L = L_0 \sqrt{1 - \dfrac{v^2}{c^2}}$。其中 c 表示光速，v 代表运动参考系相对于地面参考系的运动速度，L 是指在地面参考系观测到的尺子的长度，而 L_0 是指尺子本身的长度，它后面的那一串就是洛伦兹因子。很明显，当速度 v 远远小于光速 c 的时候，L 就近似等于 L_0；当 v 与 c 比较接近的时候，L 就会小于 L_0，也就是尺子收缩。

⑯ 还有一位法国数学家也对狭义相对论做出了非常重要的贡献，那就是被誉为"最后一个数学全才"的亨利·庞加莱。他出身于法国的一个名门望族。他的堂弟雷蒙·庞加莱曾出任法国总统。

⑰ 与牛顿爵士一样，爱因斯坦很可能也是阿斯伯格综合征的患者。这种病的患者比较缺乏同理心。举个例子。爱因斯坦第一次见到自己亲妹妹的时候，就拿棍子敲了她的头，还抱怨这个玩具一点都不好玩。

⑱ 爱因斯坦曾经高考落榜。16岁那年，他报考了苏黎世联邦理工学院，结果因文科成绩太差而名落孙山。爱因斯坦被迫去一所中学复读。为了面子，他忽悠自己远在意大利的家人，说是去上大学预科班。

⑲ 基于洛伦兹变换，爱因斯坦还推导出了一个举世闻名的公式，那就是爱因斯坦质能公式。很多科普书上都说这个公式开启了人类的核能时代。事实上，爱因斯坦提出这个公式的时候，压根没想过什么核能的事。

3

引力是怎么产生的

第 3 讲

经过上两节课的学习，小朋友们应该对"时空"有了一个基本的了解。这节课，我们就来讲讲另一个特别重要的概念，那就是"引力"。

　　很多小朋友应该都听说过牛顿引力。它说的是在世界上任何两个物体之间，都存在着一种能把彼此吸引到一起的力量，叫作万有引力。万有引力的大小与两个物体的质量成正比，而与它们距离的平方成反比。听起来很简单，对吧？不过有些聪明的小朋友可能会继续追问："那万有引力是怎么产生的呢？"这个问题，就连伟大的牛顿爵士也回答不了。

　　但现在的科学家已经知道了这个问题的答案。在讲这个答案之前，让我们先来讲讲一位大人物的故事。

在 20 世纪初，德国的莱比锡大学有一位很大牌的化学教授，名叫威廉·奥斯特瓦尔德。他于 1909 年获得了诺贝尔化学奖，并被后人誉为"物理化学"的三大创始人之一。

话说在 1901 年，奥斯特瓦尔德收到了一个物理系大学毕业生的求职信。这封信先把奥斯特瓦尔德大大地恭维了一番，说他是名扬欧洲的学术大师；然后做自我介绍，说自己刚在奥斯特瓦尔

● 奥斯特瓦尔德 ●

德学术思想的启发下发表了一篇学术论文；最后则直接哀求道："您是否用得着一位数学物理学者做您的助手？我一贫如洗，只有这样的一个职位才能让我继续进行自己的研究。"奥斯特瓦尔德把信扔进了废纸篓。

没想到两个星期以后，这个贼心不死的大学生以"我忘了上封信是否附上了我的通信地址"为借口，又寄了第二封一模一样的信。奥斯特瓦尔德把这封信也扔进了废纸篓。

这还不算完。最后连这个大学生的爸爸都出马了。他偷偷地给奥斯特瓦尔德写了封信，特别悲苦地请求他给自己的儿子一个助教的职位。奥斯特瓦尔德把第三封信也扔进了废纸篓。

不过世事难料。九年之后，正是这位冷酷无情的奥斯特瓦尔德教授第一个站出来，提名当年那个吃了他闭门羹的大学生去参评诺贝尔物理学奖。

聪明的小朋友应该已经猜到了，我说的大人物其实并不是奥斯特瓦尔德教授，而是那个可怜兮兮的大学生。他就是后来大名鼎鼎的爱因斯坦。

在爱因斯坦读书的年代，能获得大学文凭的人非常少。比如说，在爱因斯坦就读的苏黎世联邦理工学院物理系，与他同届毕业的大学生总共只有四人。所以与今天截然不同的是，那时的大学生完全不担心找工作的事。这就让爱因斯坦得以创造他人生中的第一个纪录：他成了苏黎世联邦理工学院物理系历史上第一个没有找到工作的毕业生。

为什么爱因斯坦会这么倒霉，连一份工作都找不到呢？其实要归咎于他的性格。那时的爱因斯坦是一个相当叛逆的年轻人，特别恃才傲物。他常常对他觉得讲课不好的老师（也就是苏黎世联邦理工学院的全体教授）表示不屑，还总喜欢逃课，这让所有的教授都很讨厌他。举个例子，物理系主任韦伯就曾当众斥责他："你最大的缺点就是从来不听别人的意见。"此外，我们在上一讲中提到的闵可夫斯基教授也很厌恶他，甚至在一封信里大骂他是"懒狗"。所以在爱因斯坦毕业的时候，没有任何一位教授愿意雇他做自己的助教。举个比较夸张的例子。韦伯教授为了不让爱因斯坦留下来工作，甚至打破惯例雇了两个工程系的毕业生。

毕业后整整一年半的时间，爱因斯坦都找不到一份正式的工作，只能靠给别人做家教来勉强维持生计。在此期间，他差不多给全欧洲的物理化学教授都写了求职信，结果全部石沉大海。爱因斯坦曾向自己的同学格罗斯曼写信诉苦，信中自嘲道："上帝创造了蠢驴，还给了它一张厚皮呢。"

最后还是老同学格罗斯曼拯救了爱因斯坦。他通过自己父亲的关系，让爱因斯坦走后门得到了伯尔尼专利局里一份级别最低的工作。这份工作有一个特别大的好处，那就是清闲。爱因斯坦只需花两三个小时就能完成一整天的工作，剩下的时间他都能用来搞自己的研究。他的办公桌上堆满了计算的稿纸，一旦有人路过，他就会把这些稿纸都塞进抽屉，然后假装他在认真工作。1905 年，爱因斯坦突然奇迹般大爆发，一口气发表了五篇划时代的论文，在量子论、原子论和狭义相对论这三大领域都取得了革命性的突破。这一年也被后人称为物理学奇迹年。

在取得了这么伟大的成就以后，爱因斯坦是不是就苦尽甘来，从此走上人生巅峰了呢？完全不是。当时除了极少数的专家，根本没人搭理他，所以他还是只能待在专利局里继续做他的技术员。1908 年年初，苏黎世的一所高中在报纸上刊登广告，打算招一名数学教师。爱因斯坦心动了，向那所高中提交了申请，宣称自己数学物理都能教。结果总共有 21 个人申请，爱因斯坦在第一轮就被淘汰了。

可能你会问了："爱因斯坦年轻时倒霉也就罢了，为什么在缔造了物理学奇迹年以后依然没能出人头地呢？"答案是，那时的爱因斯坦其实并没有做出他一生中最重要的贡献。要到 1915 年，爱因斯坦才提出他一生中最伟大的理论，那就是被誉为科学史上最美理论的广义相对论。

下面，我就来给你解释一下，到底什么是广义相对论。

很多人一听到广义相对论的名字就已经吓得哆嗦了，觉得它肯定难如登天，是一小群就像神秘埃及祭司似的科学家才能搞懂的东西。其实，它只是名字没取好，要是换一个好名字，根本不会把那么多的人都吓跑。广义相对论其实应该叫爱因斯坦引力。

前面说过，就连牛顿爵士也只能描述引力是什么样的，而无法回答引力是怎么产生的。不过爱因斯坦在他的新引力理论里，对这个问题做出了回答。

为了理解爱因斯坦引力理论，我们来一起做一个思想实验。想象有一张非常平坦的大床垫，上面有一个小玻璃球在滚动。如果没有其他干扰因素，这个玻璃球会一直沿直线滚下去。好，现在把一个巨大的铁球放在床垫上，它马上会让床垫凹陷下去。很明显，如果此时小玻璃球恰好从大铁球旁边路过，它的运动轨迹就会发生改变。如果最初的速度足够大，玻璃球还能逃离这片洼地；如果最初的速度比较小，它就会沿着被压弯了的床垫滚下去，最后撞上这个大铁球。

重点来了。现在请发挥你们的想象力。你们觉得这个小玻璃球沿着凹陷床垫滚下去的场景，像不像是小玻璃球受到了大铁球的吸引力？确实很像，对不对？好了，现在把床垫当成时空本身，把小玻璃球当成地球，把大铁球当成太阳。爱因斯坦证明了太阳的存在会造成时空本身的弯曲，而时空弯曲对周围物体的影响，恰恰等价于把这些物体拉向太阳的万有引力。换句话说，引力是怎么来的？其实就是有质量的物体把它周围的时空给压弯了，而弯曲的时空又对在其中运动的物体产生了引力的效果。时空弯曲就是万有引力之源，这就是爱因斯坦引力，或者说广义相对论最核心的思想。

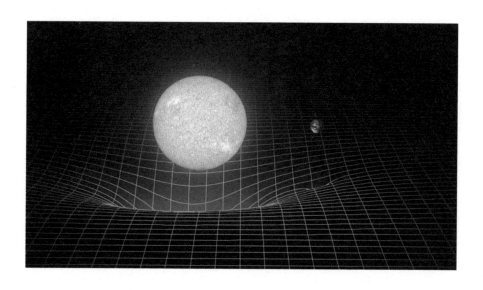

　　有些聪明的小朋友可能会问了："那牛顿引力和爱因斯坦引力有什么区别呢？"别着急。先听我再讲个故事。

　　这个故事要从 1914 年说起。那一年，爱因斯坦接受了他的伯乐马克斯·普朗克的邀请，从瑞士苏黎世搬到德国柏林，出任威廉皇帝物理研究所的所长。听起来好像挺高大上的，对吧？其实就是个皮包公司。研究所的办公地点就是爱因斯坦的公寓。此外，整个研究所总共只有三个人。第一个人是爱因斯坦本人，他是研究所的所长兼吉祥物。第二个人是爱因斯坦的表妹，她是研究所的秘书，主要工作是打扫公寓卫生。而第三个人是一个叫埃尔温·弗罗因德利希的年轻人，他也是爱因斯坦从外面挖过来的唯一一名科学家。

　　可能有些小朋友会觉得奇怪："此人到底是何方神圣？为什么爱因斯坦会对他如此器重？"事实上，爱因斯坦对弗罗因德利希已经远远不只是器重了，他几乎把这个年轻人当成自己的贵人。这是因为弗罗因德利希想到了一个好办法，可以用来检验牛顿引力和广义相对论到底哪个是对的。这个办法叫"光线偏折"。

　　给你们看张图，你们就能明白什么是光线偏折了。假设在太阳后面有一颗恒星，这颗恒星发出的光，在经过太阳附近的时候，会由于受到太阳的引力而发生偏折。这样一来，在最初恒星发射的光线和最后射入我们眼里的光线之间，就会出现一个夹角，被称为偏折角。最关键的是，用牛顿引力算出来的偏折角，与用广义相对论算出来的偏折角是不一样的。所以说，只要能测出这个偏折角的实际大小，就可以判断是牛顿引力更靠谱，还是广义相对论更靠谱。

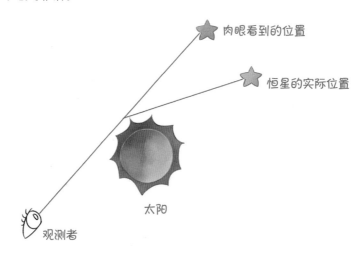

关于光线偏折，还有两个知识点要讲一讲。第一点，上面这张图其实画得相当夸张，真实的偏折角要小很多。那到底有多小呢？我们来详细地说一下。在日常生活中，最常用来表示角度大小的单位是"度"。比如大家都很熟悉的直角，就是90度。但"度"这个单位还可以继续细分。众所周知，1小时可以分成60分钟，而1分钟可以分成60秒。类似地，1度可以分成60"角分"，而1角分可以分成60"角秒"。不妨想象一下，把一个直角平均分成90份，其中的1份才是1度；再把这1度平均分成3600份，其中的1份才是1角秒。换句话说，1角秒大概相当于一枚硬币立在离观察者5000米远的地方所形成的张角。知道了角秒的概念，我们就可以来说说由太阳引力造成的偏折角的大小了。牛顿引力预言这个偏折角是0.87角秒；而爱因斯坦在1911年算出来的结果是0.83角秒。光线偏折的观测，就是要分辨这两个数值，哪一个才是对的。

第二点，在正常情况下，这个观测根本就做不了。道理很简单。大家都知道，太阳本身会发出很强的光。所以从遥远恒星射过来的那点微弱的星光，一跑到太阳附近，立刻就会被太阳的光芒吞没。换句话说，要想进行光线偏折的观测，必须想办法挡住太阳光。这就是为什么这个观测必须在发生日全食的时候进行。

顺便多说一句：日全食是很罕见的，几年才会有一次。即使发生了日全食，地球上也只有很小的一部分区域能够看到，这是因为在太阳照射下，月球投在地球上的阴影只有区区几千米宽。举个例子：前段时间网上在热炒"2017 美国日全食"。事实上，美国绝大部分地区都只能看到日偏食，只有位于一个狭长的"日全食带"里的地区才能看到真正的日全食。

我们还是继续讲故事。1913 年，弗罗因德利希写信告诉爱因斯坦，说他打算在日全食期间进行光线偏折的观测，从而检验广义相对论是否正确。恰好在那时，弗罗因德利希刚和一个女士结了婚。爱因斯坦立刻邀请弗罗因德利希夫妇去苏黎世度蜜月。结果弗罗因德利希前脚刚到苏黎世，后脚就被爱因斯坦拉去参加各种学术会议，而把他的新婚妻子和蜜月旅行丢到了一边。

移居柏林以后，爱因斯坦立刻把这个年轻人挖到了自己的研究所，并不遗余力地为支持他的观测计划而四处奔走，甚至还为此自掏腰包。在爱因斯坦的全力支持下，弗罗因德利希很快就筹集到了观测日全食所需要的经费。但事实证明，这次观测活动完全是一个茶几，上面摆的全都是杯具（悲剧）。

1914 年夏天，弗罗因德利希率领一支德国远征队，前往俄国的克里米亚半岛。他们的计划是在当地观测将于 8 月 21 日发生的日全食。但悲惨的是，就在 7 月底，第一次世界大战爆发，而德国和俄国恰好是敌对国家。

俄国当局把这群德国人当成间谍，全都抓了起来。与弗罗因德利希同行的还有一位美国天文学家，叫威廉·坎贝尔。俄国人大发慈悲没有抓他，还让他继续观测。不幸的是，8月21日那天，整个克里米亚半岛阴云密布，坎贝尔也没能看到日全食。

听到这个消息后的爱因斯坦失望透顶。但搞笑的是，这次失败的观测对他来说却是一件大好事。因为在一年后，他发现自己以前的计算是错的：广义相对论所给出的真正的偏折角应该是1.74角秒。换句话说，要是弗罗因德利希或坎贝尔真的在1914年测出了正确的偏折角，会把广义相对论和牛顿引力一起证伪！

不过在爱因斯坦算出正确偏折角的1915年，整个世界都深陷一战的泥潭。在人人都朝不保夕的情况下，谁还会有心思去验证一个玄而又玄的新引力理论呢？

但在一战的黑暗日子里，还真有一个人对此一直念念不忘。他就是英国著名天文学家爱丁顿。

爱丁顿是广义相对论在英国的最大支持者。他对这个理论的喜爱程度，一点都不逊于爱因斯坦本人。所以，尽管爱因斯坦是一个敌国科学家，爱

● 爱丁顿 ●

丁顿依然不遗余力地到处宣传广义相对论。

不过在一战期间，爱丁顿也是泥菩萨过江——自身难保。这是因为他是一个和平主义者，说什么也不肯去服兵役，结果惹恼了英国当局，差点被关进监狱。就在最危急的时刻，德高望重的皇家天文学家弗兰克·戴森出手相助了。他跑去找英国当局，说现在有一个让英国天文学界扬名立万的大好机会：在1919年5月29日，会发生一次大规模的日全食。如果能在这次日全食期间观测到遥远星光的偏折，就可以检验牛顿引力是否正确。这个提议打动了英国当局。

戴森马上又趁机说，这种观测日全食的活动，必须由非常专业的天文学家带队，而整个英国，再没有比爱丁顿更合适的人选了，不如让他戴罪立功，负责这次日全食观测。就这样，爱丁顿因祸得福，不但不用服兵役，还获得了他梦寐以求的检验广义相对论的机会。

1919 年 3 月 8 日，英国派出了两支远征队，其中一支前往非洲的普林西比岛，另一支则前往巴西的索布莱尔村。在出发之前还发生了一件趣事。一名远征队的天文学家跑去问戴森："万一观测结果既不支持牛顿力学，又不支持广义相对论，那该怎么办？"戴森回答："那爱丁顿肯定会当场疯掉。到时候，你就是远征队的负责人，要把远征队平安地带回英国。至于爱丁顿，要是已经疯得没救了，就把他留在那里算了。"

爱丁顿去了非洲的普林西比岛，在荒郊野岭住了好几个月的帐篷，还

被非洲的蚊子咬得半死。在日食发生的 5 月 29 日，普林西比岛的上空有云。在日食发生期间，云层只散开了一小段时间。所以爱丁顿拍了 16 张照片，总共只有 2 张能用。而去索布莱尔村的远征队就幸运多了，他们总共拍到了 8 张能用的照片。

● 1919 年爱丁顿拍摄的日全食 ●

同年 11 月 6 日，爱丁顿在英国皇家学会宣布了最终的测量结果：去非洲的那组人拍到的偏折角是 1.61 角秒，而去巴西的那组人拍到的偏折角是 1.98 角秒。这两个结果都支持爱因斯坦的广义相对论。这个结果登上了全球各大媒体的头版头条。这让爱因斯坦一举登上了科学的神坛。

顺便补充一个有趣的小故事。在爱丁顿团队观测的那几天，爱因斯坦紧张到失眠。后来爱因斯坦失眠的消息传到了爱丁顿的耳朵里。他对此调侃道："这说明爱因斯坦本人也不是很懂广义相对论。他要是像我这么了解广义相对论，肯定会睡得安安稳稳。广义相对论肯定是对的，不然我会为仁慈的上帝感到遗憾。"

现在小朋友们已经知道了什么是引力。接下来，我们来聊聊另一个有趣的话题：引力如何主宰天上恒星的命运。

世界上所有的恒星，终其一生都要面对一个极其艰巨的任务，那就是要想方设法抵抗自身的引力。这是因为，如果没有足够的力量与之抗衡，引力就会让恒星塌缩成一团。绝大多数的恒星，包括我们最熟悉的太阳，都是通过核聚变的方式来抗衡引力的。核聚变不是很好懂，听我给你慢慢讲。

很多小朋友应该都听说过，世间万物都是由原子构成的。但科学家发现，原子也不是最基本的单元。下页这张图就展示了原子内部的结构。在原子的外围，飞舞着一些质量极小、带负电的电子。而在原子的中心，则有一个体积很小、带正电的原子核。要是把这个原子核的直径放大到1米，

那原子的直径就会放大到 100 千米，大约相当于北京到天津的距离。此外，

原子核也是由两种更小的粒子构成的，分别是带正电的质子和不带电的中

子。一个原子核内包含的质子数越多，它所对应的元素在化学元素周期表

上的位置也越靠后。

顺便说一下，世界上最简单的原子核是由一个质子构成的，被称为氢

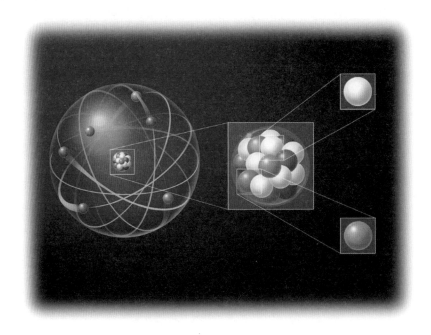

原子核。比它稍微复杂一点的原子核是由两个质子和两个中子构成的，被称为氦原子核。氢和氦是排在元素周期表前两位的元素，同时也是构成太阳这类恒星的最主要元素。

有了上面的知识储备，核聚变就不难理解了。科学家发现，几个较轻的原子核可以在一定条件下聚合成一个较重的原子核，并且释放出巨大的能量。举几个例子吧。氢原子核经过一系列复杂的反应，最后能聚合成氦原子核。此外，氦原子核能进一步聚合成碳原子核，而碳原子核还能进一步聚合成氧原子核。像这种轻原子核聚合成重原子核的现象，就是核聚变。

事实上，氢原子核聚变成氦原子核的活动，正一刻不停地发生在每一个像太阳这样的恒星的中心区域。核聚变释放出巨大的能量，从而产生了足以抵抗引力的强大压力。换句话说，像太阳这样的恒星，全都是靠核聚变来抵抗万有引力的。科学上把这样的恒星称为主序星。

但问题是，主序星中核聚变的原料并非无穷无尽。以太阳为例，大概再过四五十亿年，它就会烧完中心区域所有的氢；然后，它会点燃中心的氦，从而烧出碳和氧。接下来，它就难以为继，而不得不面临死亡；它会抛出所有外围的物质，留下一个由碳和氧组成的内核。科学上把这样的内核称为白矮星。

这里的白是指颜色白，代表白矮星的温度很高；而矮是指亮度低，说明白矮星的体积很小。一般来说，白矮星和地球差不多大，直径约为1.28万千米。但它们的质量很大，大约相当于一个太阳。换句话说，白矮星的密度特别高，就算只有一个小玻璃球那么大，其质量也会有好几十吨。

有一颗特别有名的白矮星。它与地球相距50光年，质量是太阳的1.1倍。它的名字是BPM 37093，但人们更喜欢叫它"露西"。可能有些小朋友感到奇怪："为什么这个露西会特别有名呢？"因为它是人类迄今为止发现的最大的一颗钻石。

前面说过，白矮星内部不会发生核聚变。那么问题来了："白矮星要靠什么来抗衡自身的引力呢？"答案是"电子简并压力"。前面已经讲过，电子就是组成原子的质量极小、带负电的粒子。下面，我们就重点讲讲什么是简并压力。

要解释简并压力，不能不提到一个在物理学史上赫赫有名的天才，他就是奥地利物理学家泡利。

泡利有一个非常有名的绰号，叫"上帝之鞭"。他有一个非常神奇的

本领，只要看上几眼，就能判断出一个
物理学理论正确与否。而对那些错误的
理论，他总是会特别尖刻无情地进行嘲
讽。举个例子。有一次，一个年轻学者
写了一篇论文，然后把它拿给泡利评判。
但没过多久，泡利就把论文还给了他，
还顺便说了一句名言："你的论文，连
错都不是！"有一个关于泡利的笑话。
泡利死后，见到了上帝，就想知道他到
底是怎么设计整个宇宙的。上帝拿出了
自己设计宇宙的方案。泡利看完后耸耸肩说："这竟然没什么错。"

● 泡利 ●

　　泡利很喜欢跳舞。他在舞会上发现了一个很有趣的现象：男生和女生
跳舞，通常都是一对一对跳的；而如果一个女生正在跟一个男生跳舞，她
就会很讨厌别的女生靠近。

　　受这个现象的启发，泡利提出了著名的泡利不相容原理。这个原理说
的是，原子就像一对对的舞伴，很讨厌其他电子随便靠近。你可以把原子

核当成男生，而把电子当成女生，他们就结成了一对舞伴。要是有一个新的电子想要靠近，原来跳舞的那个电子就会对她产生一种强大的排斥力，从而把这个新的电子赶走。这种把其他微观粒子赶走的排斥力，就是我们前面说到的"简并压力"。换句话说，简并压力就是"一山不容二虎"在微观世界的具体体现。顾名思义，所谓的"电子简并压力"，就是发生在电子之间的简并压力。

白矮星正是借助电子简并压力才得以对抗自身的引力，从而维持住自身的平衡和稳定。

很长一段时间，天文学家都相信白矮星就是恒星演化的最终归宿。换句话说，他们认为天上所有的恒星最后都会变成白矮星。这种错误的观念，由于另一个天才的横空出世而被打破。此人就是著名的印度裔天体物理学家钱德拉塞卡。

钱德拉塞卡从小就是一个远近闻名的神童，每次考试都是年级第一名。有一次，一个老师问钱德拉塞卡喜欢吃什么蔬菜，他的回答是黄秋葵。从那以后，这个老师就开始劝告班上的其他学生多吃黄秋葵，因为他认为钱德拉塞卡就是因为爱吃这种蔬菜才会变得这么聪明。

钱德拉塞卡15岁就考上了大学。尽管年纪小，他在大学里依然鹤立鸡群。在没人指导的情况下，他自己写了一篇科研论文，然后发表在当时很有名的《英国皇家学会会刊》上。这让他得到

● 钱德拉塞卡 ●

给孩子讲相对论

102

了一笔印度政府的奖学金，可以去英国继续深造。

得到奖学金后，钱德拉塞卡和当地的教育局官员见了一面。那个官员问了一个让人啼笑皆非的问题："我们对你寄予厚望，所以才会把奖学金给你，你去英国以后，能否在 4 年之内当上英国皇家学会的院士，好让我们也长长脸？"钱德拉塞卡哭笑不得，只好委婉地告诉那位官员，当院士是一件极其困难的事，就连大名鼎鼎的狄拉克当时也还没当上英国皇家学会的院士。顺便说一句，钱德拉塞卡确实没能在 4 年之内当上英国皇家学会的院士，但他也只花了短短 14 年。

19 岁那年，钱德拉塞卡坐上了开往英国的客轮，要去剑桥大学攻读博士学位。但他上船的时候却满怀悲伤，因为他妈妈得了重病，肯定活不到他学成归来。为了摆脱悲伤的情绪，钱德拉塞卡决定在坐船期间研究一点科学问题。他研究的是白矮星。

正是在这趟旅途中，钱德拉塞卡有了一个惊人的发现：白矮星存在着一个质量上限，也就是 1.44 倍太阳质量。如果白矮星的质量超过这个上限，其内部的电子简并压力就不足以抵抗引力；换句话说，白矮星就无法再保持稳定，而会继续塌缩下去。后人把这个质量上限称为钱德拉塞卡极限。

很明显，天上有那么多星星，不可能质量全都在钱德拉塞卡极限之下。这意味着，白矮星只是恒星演化的最终结局之一，而不是它们唯一的归宿。

钱德拉塞卡对这个发现激动不已。此后数年，他一直致力于用最严格的数学计算来进一步论证这个发现。就在钱德拉塞卡踌躇满志，打算让英国天文学界刮目相看的时候，他却遇到了一个意想不到的可怕的敌人。

这个敌人就是我们前面提到的爱丁顿。1919 年那次日全食观测，让爱丁顿名扬天下。他很快就当上了英国皇家学会的会长，也成了英国天文学界最大的权威。这让爱丁顿变得自高自大起来。他总是带着一种高人一等的优越感，非常粗暴而刻薄地嘲笑那些与他学术观点不同的天文学家。有人讽刺他傲慢的程度，相当于闯进小人国的格列佛。

前面说过，钱德拉塞卡还在去英国的轮船上时，就已经提出了白矮星的质量上限。一开始，爱丁顿对钱德拉塞卡还是很宽容的。他认为这只是一个学生犯的错误：钱德拉塞卡在推导过程中，使用了很多近似和假设；要是用最严格的数学方法推导，肯定能推翻这个错误的结论。但当钱德拉塞卡真的用最严格的数学方法，再次证明他的结论正确时，爱丁顿被彻底激怒了。他做了一件非常残酷的事：对钱德拉塞卡进行公开羞辱。

1935 年 1 月，钱德拉塞卡应邀在一次皇家天文学会的会议上报告了他的白矮星质量极限理论。报告刚结束，爱丁顿就站起来发难了。他嘲笑钱德拉塞卡一开始就犯了个愚蠢的错误。泡利不相容原理根本就不能拿来研究恒星结构。钱德拉塞卡使用了错误的假设，所以才会得到荒谬的结论。因此，这个理论完全是一文不值的异端邪说。

钱德拉塞卡被打击得措手不及。会议当天，觉得世界要塌了的钱德拉塞卡甚至一直在自言自语地重复："世界就是这样终结的，不是伴着一声巨响，而是伴着一声呜咽。"后来，钱德拉塞卡设法联系到了泡利，想听听他对爱丁顿观点的看法。泡利的回应还是一如既往的刻薄："爱丁顿根本不懂物理学，他说的全是鬼话。"但遗憾的是，泡利是一名物理学家，他不愿卷入天文学界的纷争。得不到支持的钱德拉塞卡，要想挑战爱丁顿在天文学界的巨大权威，无异于想挑战风车的堂吉诃德。

爱丁顿的巨大敌意使钱德拉塞卡不得不离开恒星结构与演化的研究领域。由于这段痛苦的经历，钱德拉塞卡后来形成了一种独一无二的研究风格：他一生中先后进入 7 个完全不同的天文学研究领域，然后在每一个领域都做到了世界第一。在 50 多年后，钱德拉塞卡终于获得了他早该得到

的回报：他在 19 岁那年提出的钱德拉
塞卡极限，为他赢得了 1983 年的诺贝
尔物理学奖。

　　言归正传。钱德拉塞卡证明了，超
过 1.44 倍太阳质量的白矮星就无法再
稳定存在。那它们的命运将会如何呢?
1939 年，一个美国的物理学家研究了这
个问题。他就是后来被称为"原子弹之
父"的奥本海默。

● 奥本海默 ●

　　讲一件关于奥本海默的趣事吧。有
一次，奥本海默看到物理学家费曼被钢卷尺打到了手。奥本海默上前说道：
"你的玩法不对。"然后，他就演示了一回玩卷尺的技巧，动作潇洒自如，
让费曼羡慕得不得了。接下来的两星期，费曼一直在练习玩钢卷尺，可惜
总是掌握不了诀窍，被卷尺打得皮破血流。无奈之下，费曼只好去问奥本
海默："你是怎么玩卷尺，才能让手不被打疼的？"没想到奥本海默淡淡
地回答："谁说我没被打疼？"

奥本海默发现，如果恒星内部的电子简并压力无法抗衡其自身的引力，那么所有的电子都会被压进原子核；在那里，这些带负电的电子会与带正电的质子结合，从而变成不带电的中子。中子之间也存在简并压力。更重要的是，中子简并压力比电子简并压力更强大。换句话说，中子简并压力就是抵御万有引力的第二道防线。而靠中子简并压力保持自身稳定的天体，就是所谓的中子星。

　　如果把太阳压缩成一颗中子星，它的半径大概就只有 10 千米。这意味着，中子星的密度比白矮星还要大很多；就算只有一个小的玻璃球那么大，其质量也会高达好几亿吨。换句话说，一个玻璃球大小的中子星，其质量就能超过 1000 个帝国大厦的总和。

　　我们在第 1 讲中提到过，1967 年，剑桥大学的研究生乔丝琳·贝尔在狐狸座中找到了历史上第一颗中子星。这颗中子星一直在快速转动，所以它会像灯塔一样发出周期性的辐射信号。好玩的是，贝尔和她的导师安东尼·休伊什最初并没有搞清楚他们发现的是什么，还以为这是外星人发来的信号。所以，他们就把这颗中子星命名为"小绿人 1 号"。这个发现获得了 1974 年的诺贝尔物理学奖。但遗憾的是，这个诺贝尔奖只发给了休伊什，却没有发给贝尔。

有些聪明的小朋友可能会问了："既然白矮星有一个钱德拉塞卡极限，那中子星有没有一个质量极限呢？"答案是有。奥本海默发现，当中子星质量超过 3 倍太阳质量的时候，中子简并压力就不足以与引力抗衡了。这就是所谓的奥本海默极限。换句话说，一旦超过奥本海默极限，中子星就无法再保持稳定了，而会继续塌缩下去。

自此之后，引力将君临天下。再也没有任何防线，能够阻止引力所导致的灾难性塌缩了。所有的物质都会被压缩进一个体积无限小、密度无限大的时空区域，从而形成一种最神秘的天体——黑洞。这种天体的引力特别强大，如果离得太近，就连速度最快的光也无法逃出它的魔爪。最早管这种天体叫黑洞的人，是美国物理学家约翰·惠勒。

惠勒有句名言："要想了解一个全新的领域，最好的办法是去写一本关于那个领域的书。"20 世纪 70 年代初，惠勒对广义相对论特别感兴趣，所以他就与他的两个学生（查尔斯·米斯纳和基普·索恩）合作，写了一本非常有名的教科书《引力》。这本书有一个特点：巨厚无比。有人甚至开玩笑说，比起当教材，这么厚的书其实更适合拿来当凶器。此外，惠勒也是一个老顽童，特别喜欢放爆竹。所以，他在自己办公室的书桌上摆了一大箱爆竹，没事就放上两个。有一次，他甚至跑到学院走廊里放爆竹，结果炸坏了走廊的灯。

给大家看看黑洞长什么样吧。下面这张图出自好莱坞大片《星际穿越》。与绝大多数的科幻电影不同，《星际穿越》在科学上其实相当严谨，因为它的科学顾问就是在第1讲中提到的基普·索恩。

有些小朋友可能会觉得奇怪了："你不是说黑洞是黑的，连光都逃不

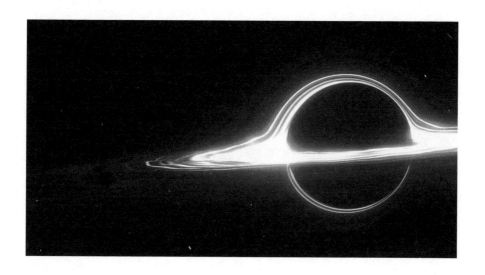

出去吗？那为什么会有发光的圆环？"答案是，它们都不是黑洞本身。你可以看到，图中总共有两个发光的圆环。那个水平放置的圆环，其实是一大堆被黑洞引力吸引、正围绕着黑洞不停旋转的气体，科学上称之为吸积盘。你可以把吸积盘想象成黑洞玩的一大堆呼啦圈。而那个竖直放置的圆环，则来源于一颗位于黑洞正后方的明亮恒星。我们前面讲"光线偏折"时说过，遥远的星光在经过某个大质量天体附近的时候，会受到此天体的引力的影响而发生偏折。由于黑洞的引力特别强大，就能像一个透镜似的，让从它正后方射来的星光重新汇聚在一起。如果这个透镜的焦点恰好落在地球上，我们就能看到图中的那个竖起来的圆环，这就是所谓的"爱因斯坦环"。那黑洞到底在哪里呢？其实它就像一个看不见的怪兽，静静地潜伏在这两个圆环的中心。

让我们来总结一下本节课的内容。1915年，爱因斯坦提出了他一生中最伟大的理论，也就是广义相对论。广义相对论解决了一个连牛顿爵士都没能回答的问题：引力是怎么产生的？答案其实很简单。有质量的物体会把它周围的时空压弯，而弯曲的时空会对在其中运动的物体产生引力的效果。时空弯曲就是万有引力之源，这就是广义相对论最核心的思想。1919年，爱丁顿通过日全食的观测有力地验证了广义相对论，从而让爱因斯坦一举登上了科学的神坛。

天上所有的恒星，终其一生都在抵抗自身的引力。绝大多数像太阳这样的恒星，都是靠核聚变来抵抗引力的。但核聚变的原料早晚会耗尽，而恒星也迟早会死去。它将抛出外围的物质，并留下一个内核。然后有三种可能。如果内核质量小于钱德拉塞卡极限，电子简并压力就能够抵抗引力，它就会塌缩成一个白矮星；如果内核质量介于钱德拉塞卡极限和奥本海默极限之间，中子简并压力就能够抵抗引力，它就会塌缩成一个中子星；如果内核质量大于奥本海默极限，就没有什么力量能够再抵抗引力，它就会塌缩成一个黑洞。

最后给大家发一个小彩蛋。惠勒曾经设想过一个特殊的文明世界。不像我们的世界那样绕着一颗恒星旋转，这个世界其实是在绕着一个黑洞旋转。从理论上讲，生活在黑洞附近有一个最大的好处：当你把各种垃圾扔进黑洞的时候，黑洞会把它们转化成能量，然后百分之百地返还给你。换句话说，这个文明的能量利用率高达100%，而且还不会产生任何垃圾。这将是一个远超人类、高度发达的文明。

① 牛顿爵士早年的生活其实特别悲惨。他是一个遗腹子，同时也是个早产儿，从小就体弱多病。在他 3 岁那年，他妈妈为了钱，嫁给了一个年纪是她两倍多的老头子。这个老头不喜欢小孩，所以牛顿就被交给他的外婆抚养。牛顿特别恨他的继父，曾经想一把火烧掉他的房子。

② 12 岁的时候，牛顿到附近的城镇去上中学，并养成了写日记的习惯。由于矮小的身材、孤僻的性格以及遗腹子的身份，牛顿在学校里饱受欺凌，甚至经常被打得头破血流。

③ 奥斯特瓦尔德曾经错误地认为，世间万物并非由物质构成，而是由能量构成。为此，他与相信原子论的著名物理学家玻耳兹曼展开了一场漫长的论战。1906 年，奥斯特瓦尔德终于承认了自己的错误。但那时，玻耳兹曼已经自杀了。

④ 爱因斯坦相信，他迟迟无法在学术界找到工作的一个重要原因是，

物理系主任韦伯一直在背后说他的坏话。

⑤ 格罗斯曼是爱因斯坦的贵人。他不仅帮爱因斯坦找到了一份稳定的工作，还向爱因斯坦介绍了后来成为广义相对论数学基础的黎曼几何。

⑥ 1913 年，普朗克提名爱因斯坦去参选德国科学院院士。他在推荐信中写道："爱因斯坦在多个物理学领域都提出了颠覆性的新理论。虽然不可能全对，但只要对一个就足以在历史上留名。"但事实证明了普朗克的错误。爱因斯坦提出的那些理论全都是对的。

⑦ 1915 年，爱因斯坦发现了广义相对论最核心的引力场方程。几乎在同一时间，曾听过爱因斯坦相对论讲座的著名数学家希尔伯特，也用不同的方法推导出了完全相同的方程，但他放弃了争夺这个方程的发现权。有人问希尔伯特为什么要放弃。希尔伯特是这么回答的："在哥廷根的马路上随便找一个孩子，都比爱因斯坦更懂黎曼几何。但真正有能力发现相对论的人，只有作为物理学家的爱因斯坦。"

⑧ 弗罗因德利希最早也是学数学的。他的导师是著名数学家、哥廷根大学数学系主任克莱因。由于在哥廷根遇到了太多数学好的牛人，弗罗因德利希就转行做了一个观测天文学家。

⑨ 爱丁顿特别喜欢骑自行车。他甚至专门发明了一个爱丁顿数"E"来做自己的骑车记录。爱丁顿数 E 是指满足有 E 天骑车超过 E 英里的最大整数。据说爱丁顿最后的 E 值达到了 87。

⑩ 英国当局之所以能容忍爱丁顿不服兵役，还有一个很重要的原因。1915 年，英国物理学家莫塞莱在一战中阵亡。这使英国当局反思了让著名科学家参军是否符合英国的长远利益。

⑪ 最早猜到太阳能量源于太阳中心核聚变的人是爱丁顿，但最早弄清楚其中每一个细节的人是美国物理学家汉斯·贝特。后者也因此获得了 1967 年的诺贝尔物理学奖。

⑫ 贝特的博士生导师是曾培养出七个诺贝尔奖得主的索末菲。在他的博士论文答辩会上，贝特第一次见到了他的毒舌师兄泡利。毫

无悬念，他也受到了泡利的挖苦。泡利对他说："在听过索末菲讲的关于你的故事后，我对你的期待可比你这篇博士论文的水准要高多了。"不过考虑到泡利的毒舌程度，这种说法已经算是一种赞美了。

⑬ 泡利是实验物理学家的灾星。他走进哪个实验室，哪个实验室的设备就会发生故障。为此，1943 年诺贝尔物理学奖得主斯特恩甚至对泡利下达了封杀令，禁止他进入自己位于德国汉堡的实验室。

⑭ 有一次，位于哥廷根大学的一个实验室发生了一起事故。当时，泡利根本没去那个实验室。但听到这个消息后，泡利给实验室的人写了封信，告诉他们事发的时候，自己乘坐的火车恰好停在哥廷根的站台上！

⑮ 尽管发生过非常严重的冲突，钱德拉塞卡与爱丁顿的私交却一直很好。1944 年，钱德拉塞卡被选为英国皇家学会的会员，爱丁顿还帮了不少忙。而在爱丁顿去世以后，钱德拉塞卡为他写了一

篇感人至深的悼词，盛赞爱丁顿是 20 世纪最伟大的天文学家。

⑯ 钱德拉塞卡是一个工作狂。1937 年，他加盟芝加哥大学天文系。作为系里唯一的理论家，钱德拉塞卡承担起了为研究生制定专业课的任务。他总共制定了 18 门课，要在两年之内上完，而他本人要上 12 门。但即使有这么繁重的教学任务，钱德拉塞卡的科研工作也完全没受影响。1937 年，他一共发表了 6 篇科研论文，还写出了他的第一本学术专著。

⑰ 钱德拉塞卡当了 20 年《天体物理学杂志》的主编，并让这个杂志从一个芝加哥大学的校内期刊，摇身一变成为全世界排名第一的天文学顶级期刊。1971 年，年过六旬的钱德拉塞卡辞去了主编的职务。在他的告别晚宴上，一位杂志社的高管说道："在《天体物理学杂志》的稿件中，经常看到有人提钱德拉塞卡极限。但那些作者不知道的是，钱德拉塞卡根本没有极限。"

⑱ 奥本海默是原子弹之父，但他拒绝再为美国政府研制氢弹。为此，他受到了美国联邦调查局的窃听和监视，还差点被送进监狱。

⑲ 有人开玩笑，说乔丝琳·贝尔没拿到诺贝尔奖的原因出在她的名字上。因为"诺贝尔"（Nobel）的意思就是"不给贝尔"（No Bell）。

⑳ 《星际穿越》最初的制片人是基普·索恩的前女友。她本来想请史蒂文·斯皮尔伯格执导此片，后来由于档期问题，换成了克里斯托弗·诺兰。

相对论都有什么用

第4讲

到了这一讲,我该和小朋友们谈谈相对论的用处了。其中有实际的应用,也有在科学中的应用。

　　我们在第 2 讲中谈到光速是不变的,这一点在爱因斯坦第一次提出来的时候,让很多人震惊了:这是怎么回事?难道我们在日常生活中看到的速度不是叠加的吗?假如你的朋友坐火车,你去送行,火车开动起来的时候,他沿着火车开动的方向走,你看到他的走路速度就是他自己相对火车的速度加上火车相对你的速度。

　　现在,你的朋友在火车上打开手机上的手电筒,他看到的光的速度居然和你看到的手电筒发出的光的速度一样,这太不可思议了。假如你看懂了第2讲，这种事虽然不可思议，相信你还是会理解、接受的。

光速不变，对孩子来说也许比对成人来说更容易接受一些，毕竟孩子的头脑里没有那么多条条框框，所以我有时真的觉得跟小朋友们交流比跟成人交流容易一些。

在第2讲中我们谈到光速不变的后果，第一个后果就是运动的钟变慢了，不仅钟变慢了，所有运动着的事物都变慢了，比如一个人的成长。那么，物理学家是怎么证实这个令人震惊的结论的呢？我们自己想一想，找什么样的东西来做实验最好？哦，当然是以接近光速运动的物体。这些物体是什么呢？物理学家发现，很多来自宇宙深处的基本粒子的速度跟光速相差不大。

在宇宙中，除了组成分子、原子的电子和原子核，还有很多粒子，物理学家管它们叫基本粒子，因为它们像电子和原子核一样，都非常小。在地球上存在的粒子之外，最早被发现的基本粒子叫谬子，谬是一个希腊字母的发音。这个粒子非常像电子，只是它比电子重了大约两百倍。另外一个和电子不同的是，它的寿命很短，只有五十万分之一秒。现在，我们可以验证相对论了，因为谬子的五十万分之一秒是它静止不动时的寿命。聪明的小朋友马上会说，让它以接近光速的速度运动，它的寿命就会变长，因为运动起来的时钟会变慢，看上去就像慢动作，那么，一个粒子的寿命也是以"慢动作"来展示的。

假如，我们想将谬子的寿命变成一秒，让我们能够看到它，它的速度需要多大呢？谬子的速度只比光速慢了每秒 0.6 毫米，想想看，光的速度是每秒 30 万千米，这个差别实在太小了。快速奔跑中的谬子可以存活一秒，那么，它就可以跑差不多 30 万千米，科学家可以很容易地看到它。

谬子最早是在宇宙射线中被发现的，发现这种粒子的人是美国物理学家卡尔·安德森。这位物理学家运气特别好，在发现谬子的那年也就是1936 年，获得了诺贝尔奖，当然，他获奖的原因不是发现了谬子，而是发现了电子的反物质——正电子。这个人虽然很了不起，但故事却比较少。

故事比较多的是预言正电子的英国物理学家狄拉克。虽然霍金现在比他有名得多，但狄拉克才是 20 世纪最了不起的英国物理学家。我们在谈他预言正电子的故事之前，先谈谈他最有名的故事。

有一个流传很广的故事与狄拉克的性格有关。什么样的性格呢？就是不随便附和别人，对细节认真。故事是这样的，在狄拉克担任剑桥大学教授期间，一位印度物理学家访问剑桥，有机会和狄拉克共进高桌晚宴。狄拉克这个人生性不喜欢讲话，为了打破沉默，这位印度物理学家就说："今天的风很大。"狄拉克一声不吭，并且站了起来，向大门走去。印度物理学家正尴尬得不行，就看到狄拉克打开大门，探头看了看，关上大门，走回来，坐到原来的位置上，对他说："不错。"

这个故事说明了狄拉克性格中的两个特点：第一，他对任何事都认真；第二，他喜欢简练。说到他不喜欢说话，狄拉克自己说因为他父亲来自瑞士说法语的区域，为了让狄拉克继承法国的文化传统，在他小时候要求在家里只讲法语。为了逃避学习法语，狄拉克干脆就不怎么说话。还有一个关于狄拉克不爱说话的笑话，一个剑桥大学的他的同事开玩笑地发明了一个"狄拉克单位"，狄拉克单位就是"每小时说一个字"。现在，如果你每小时说十个字，你的语速就是十个狄拉克单位。自从量子力学建立后，世世代代的物理学家都将狄拉克写的《量子力学原理》作为最重要的教科书来学习，这本书本身也反映了狄拉克的风格：严谨和惜字如金。

在《给孩子讲量子力学》中，很可惜由于篇幅限制，我没有谈到狄拉克。狄拉克是除了海森堡和薛定谔之外对量子力学贡献最大的人。正因为他的贡献，在 1933 年他和薛定谔分享了诺贝尔物理学奖。其实，狄拉克对量子力学最有名的贡献是将相对论用到量子力学中。在海森堡、薛定谔和他自己建立量子力学的两年后，狄拉克写出了满足相对论的薛定谔方程，这个方程后来被大家称为狄拉克方程。

有人说，狄拉克方程是物理学中最优美的方程之一。在我看来，狄拉克方程可以和麦克斯韦为电磁现象写下的方程以及爱因斯坦为万有引力写下的方程并列。一个方程美不美，关键看它是不是足够简练，以及它在物理学中的应用。狄拉克方程预言了电子有反粒子，也就是说，世界上必须存在一种电荷正好和电子相反、质量和电子一样重的粒子。因为这种粒子的性质和电子相反，所以被称为电子的反粒子，这种粒子叫正电子，因为它带正电荷。

当然，狄拉克预言这个粒子的时候，其实有一段有趣的过程。开始的时候，他说，电子必须有一个反粒子，电荷和它相反，但质量是一样大的。如果电子遇到这个反粒子，灾难就会发生，它们会集合在一起，消失，然后成为光子。这种过程有点像自杀，所以物理学家将这一过程称为湮灭。可是，过了一段时间，并没有人发现正电子，狄拉克有点急了，就想修

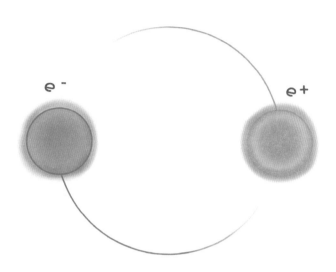

改他的理论，说电子的反粒子应该是质子，就是氢原子核。质子正好带正电荷，可是它的质量比电子大了差不多 2000 倍。好在过了四年，也就是 1932 年，前面提到的安德森就发现了正电子。安德森也是在宇宙射线中发现正电子的。

下页图是保罗·狄拉克的照片以及他的墓碑，在他去世的年份"1984"上方的就是狄拉克方程。

狄拉克的太太是犹太物理学家魏格纳的妹妹曼茜。在给曼茜的信中，他写道："我从来没见过一个人真的喜欢另一个人——我觉得这种事在小

● 狄拉克 ●

● 狄拉克的墓碑 ●

说之外并不存在"，"我在小时候就发现，最好的策略是把幸福寄托在自己身上，而不是别人"。在他感到曼茜想要与他交往时，狄拉克就说："你应该知道，我并不爱你，假装爱你是不对的。我从来没有爱过，所以并不能理解如此精妙的感情。"

在给曼茜的另一封信中，他甚至画了一个表格，左边是曼茜在之前的信中提过的问题，右边是对应的回答，这封信现在还存有影印件。这封信正是狄拉克风格的证明。

关于狄拉克的风格，还有两个故事。在一次讲座中，有一个听众提问："我没看懂黑板右上角的那个方程。"狄拉克听完后一直沉默，在主持人的要求下只说了一句："那不是一个问题，只是一个评论。"

另一个故事是关于狄拉克和媒体的关系的。他根本没有兴趣和媒体交流。一次，狄拉克在美国麦迪逊做学术访问，当地记者库格林对狄拉克进行了短暂的采访，有如下记录。记者问："博士，您现在能用几句话给我讲讲您做的研究吗？"狄拉克说："不行。"记者说："那好。那我这样写行吗？'狄拉克教授解决了数学物理的所有问题，但无法找到合适的方法算出贝比·鲁斯的安打率。'"狄拉克说："行。"贝比·鲁斯是美国著名棒球运动员，安打是棒球及垒球运动中的一个名词。

今天，物理学家每天都在加速器上大量生产正电子，比如，北京的正负电子对撞机中就有很多正电子。在狄拉克用相对论和量子力学预言了反物质之后，物理学家找到了所有粒子的反物质，没有任何例外。

那么，可能有小朋友会问了，我们弄不懂狄拉克方程，有没有一种更加简单的方法能了解到为何相对论会要求反物质存在呢？还真有这样一种简单的方法，发现这个方法的是美国著名物理学家理查德·费曼。

我在《给孩子讲量子力学》中解释过量子不确定性原理，这个原理告诉我们，粒子的位置是不确定的，如果它此刻在这里，下一刻我们就无法知道它在哪里。换句话说，粒子本身没有轨道，如果有轨道，我们当然能够预言粒子下一刻在哪里。费曼有个很神奇的方式，可以用于理解不确定性原理，他说，其实粒子可以有轨道，只是，它同时在不同的轨道上走。费曼说，如果我们此刻得知粒子在这里，由于有很多轨道通过这里，我们

也不知道下一刻电子在哪里，因为它同时走在通过这里的很多轨道上。于是，在海森堡和薛定谔发现量子力学的两种描述方式之后，费曼找到了第三种方式，真的很神奇。

● 费曼 ●

费曼说，粒子还可以在逆着时间的方向上走，因为相对论允许粒子这么走。费曼说，逆着时间走的电子其实就是正电子。既然任何粒子都可以逆着时间走，那么，任何粒子都有反粒子。你看，我们其实并不需要懂得狄拉克方程，也能理解反物质的存在。

费曼在提到粒子有轨道的时候，遇到了一件不太愉快的事。二战结束后，很多物理学家从暂时从事的战争工作中回到了物理学研究，费曼也是其中之一。他那时找到了解决长期困扰物理学家的一个难题的办法，就在一个物理学家聚集的会议上解释他的办法。在这个办法中，他用了后来以他名字命名的图（费曼图）。在这张图中，到处都是粒子的轨道。在演讲的中途，玻尔打断了他，说："年轻人，我们在 20 年前就知道，粒子不存在轨道。"费曼试图解释，玻尔根本不允许他解释，就这样，费曼提前结束了他的演讲。

当然，后来的事我们都知道了，费曼发明了量子力学的第三种方式，并且用这种方式推导出了费曼图。费曼图已经被物理学家用了 70 年。

费曼这个人也是一个传奇人物，不过，他的性格正好和狄拉克相反。比如说，他特别爱聊天，特别喜欢演讲，费曼的演说很有名。现在，我们交代一下费曼的生平。1918 年 5 月 11 日，费曼生于美国纽约，父亲是麦尔维尔·阿瑟·费曼，母亲是露茜尔·菲利浦，他们都是犹太人。因此，费曼一生说的是很土的纽约英语，并且为自己的下层口音自豪。17 岁那年，费曼进入麻省理工学院，先学数学，后学物理，这一点他倒和狄拉克很像。24 岁的时候，费曼加入美国原子弹研究项目小组，参与了制造原子弹的秘密项目——曼哈顿计划。三年之后，二战结束，27 岁的费曼退出了曼哈顿计划，去康奈尔大学任教。

为什么他能够去康奈尔大学任教呢？在曼哈顿计划中，他的上司是著名的物理学家贝特。贝特这个人在当时已经很有名了，资历也比较老，因此战争一结束就回到了他任教的康奈尔大学。早在战争结束之前两年，贝特就向康奈尔大学推荐了费曼。

费曼可以说是目前为止最有个性的物理学家。他为自己的纽约下层人口音骄傲，并且在演讲中一成不变地使用这种口音。他非常重视演讲，尤其爱给普通人讲解物理学。后来他在加州理工学院当教授，那里有一位几乎与他同样有名的物理学家，比他年纪小一点，也是犹太人，那就是默里·盖尔曼。这两位物理学家之间充满了竞争：他们不仅在物理学上竞争，看谁能做出更重要的发现，还在其他方面竞争。例如，盖尔曼的妻子是个从其他国家移民到美国的人，于是费曼就娶了一个英国人做他的第三任妻子。盖尔曼会说很多不同国家的语言，费曼觉得落后了，也去学习一种没有多少人说的语言。当然，在语言方面他肯定比不上盖尔曼。有一次盖尔曼来中国科学院访问，看到我的门牌，对我说："哦，你是木子李。"

但费曼有两项技能盖尔曼是比不了的。第一个技能是打鼓，费曼特别喜欢打手鼓，到了很专业的程度，还能参加演出。费曼一生热爱的第二种技能就是绘画了，在旅行的空隙，喜欢速写他看到的人物。当然在多项全能比拼中，费曼还是胜出了。今天，在英文维基百科中，费曼的条目比盖尔曼的条目长了很多。

费曼留有几本通俗读物，有的是关于他自己的生活的，有的是关于物理学的，都非常精彩。他是一个凡事都要自己想一遍的人，不会捡起别人的东西就当真，这也是他能够成为一名伟大科学家的原因。我在《给孩子讲量子力学》中提到过量子计算机，这是目前科学家最热衷研究的东西之一，如果实现，就会彻底改变人类的生活和未来。最早的关于量子计算机的想法就是费曼提出来的。另外，1986 年挑战者号航天飞机失事，美国总统召集了一个调查委员会调查失事原因，费曼也在其中。最后是费曼找到了失事原因。他以自己的风格直接进行调查，而不是依据日程表进行。这让他与调查委员会主席罗杰斯产生了意见上的分歧，罗杰斯曾经抱怨："费曼才是真正让我头痛的事。"在一场电视广播的听证会上，费曼将材料浸泡在一杯冰水里后，展示了 O 形环如何在低温下失去韧性而丧失密封的功能。原来，就是 O 形环在当天低温的天气下变形导致了航天飞机失事。

费曼有很多故事，我们讲一讲他的爱情故事。他的第一任妻子阿琳是他在中学时代就认识的朋友，约会了六年他们才正式订婚。两个人的兴趣不同，费曼喜欢科学，阿琳喜欢艺术，他们却共同拥有一种幽默的天性。经过多年的交往，费曼和阿琳仍然非常相爱。后来，费曼去了普林斯顿大学读研究生，两地分离使两人更加深情牵挂。在这段时间，阿琳发现自己颈部有一个肿块，并且持续低烧几个月，被诊断为结核病。费曼得知后，认为自己应该跟她结婚以便更好地照顾她。可是他的父母却反对他结婚，因为他们害怕费曼被传染上结核。他们建议他撕毁婚约，但费曼拒绝这样做，他们在 1942 年结了婚。

美国参加二战之后，费曼去了新墨西哥州的洛斯阿拉莫斯参与研制原子弹，他对妻子放心不下，原子弹研制工作的主持人奥本海默就在洛斯阿拉莫斯 60 千米之外找到一家医院，将阿琳接了过来。周末的时候，费曼就去医院和阿琳一同生活；周中的时候，两人就相互写信。离原子弹爆炸只有一个月的时候，阿琳去世了。费曼在此后的一生中都怀念着阿琳。

尽管费曼的第一次婚姻十分感人，但之后发生的事就很奇特了。例如，费曼在康奈尔大学的时候，经常去酒吧研究物理学，在那里，他交了不少女朋友。到了加州理工学院当教授之后，他认识了第二任妻子，可惜，这次婚姻很不幸福，结婚六年后他们就离婚了。

离婚之后，发生了更加离奇的事。比如，有一个女友在离开他的时候拿走了他的爱因斯坦奖章，而且还伪装怀孕，伪装流产，拿这件事威胁他。

结果呢，费曼给了这位前女友一些钱，她就用来买家具了。费曼是在瑞士的日内瓦湖边认识他的第三任也是最后一任妻子的，这位姑娘叫格温妮丝，是英国人。当时，格温妮丝在一户人家帮助他们做家务以换取食宿费，一个月只有 25 美元。费曼就对她说，你来我家和我同居吧，帮我做做家务，一周给你 20 美元。其实，这种做法在当时是非法的，费曼就找到他的一个朋友当格温妮丝的赞助人，这样别人就没有什么话好说了。当然，这种同居最终导致了他们结婚。费曼后来还用他的诺贝尔奖奖金为他和妻子买了第二套房子，是个海景房。

回到相对论应用这个话题上来，上面我们说了相对论真的可以延长高速运动粒子的寿命，同时，相对论还要求反物质存在，对这个问题贡献最大的是狄拉克和费曼。如果我们将物理学看作一座大厦，这座大厦的基石就是量子力学和相对论。那么，这座大厦的第一层是什么呢？就是我们谈的粒子。粒子物理学是量子力学与相对论结合的结果，现在看起来还没有其他理论可以超越它。在粒子物理里，物质都是由基本粒子构成的，宇宙中其他天体也是如此。当然，我在《给孩子讲宇宙》中还提到暗物质，这些物质很可能也是粒子。

当粒子被加速到接近光速的时候，相对论就变得很重要。寿命短的粒子寿命变长了，反物质粒子也产生了，甚至，过去人们完全不知道的粒子也被生产出来了，可以列出一个很长的粒子名单。我们前面提到过谬子，其实还有很多粒子，它们和谬子一样，寿命都很短，但是感谢相对论，在人造的加速器中，它们的寿命变长了。

爱因斯坦在提出狭义相对论之后不久，发现了一个特别重要的事实。这个事实可以说彻底改变了人类的世界观。他发现了什么呢？他说，任何质量都等价于能量。比方说，我们会觉得一块冰里面没有什么能量，相反，

它会吸收能量。但是爱因斯坦告诉我们，一块冰里面含有巨大的能量。

爱因斯坦的这个发现，就是后来人们津津乐道的质量与能量的关系，简称质能关系，它说的是：一个物质蕴含的不可见的能量等于质量乘以光速的平方！因为光速是一个巨大的数字，因此任何一块拿在手里的物质都蕴藏着巨大的能量。比方说，我们只需要将 0.03 克的物质完全转化为能量，就能将一艘航天飞机送到 36 000 千米高的轨道。

爱因斯坦当时推导质能关系的办法比较抽象，我们这里不去谈它。后来，爱因斯坦发现了一个很直观的推导。这个推导大意是这样的：假设我们不断地用光照射一个物体（我们知道，光是含有能量的，我们还知道，能量是守恒的），那么，物体在不断吸收光之后能量肯定会增加，这些能量去哪里了呢？聪明的小朋友肯定会说，我知道能量去哪里了，被物质吸收然后温度升高了，温度升高，物质里分子、原子的能量就增加了。这话确实不错，但聪明的爱因斯坦说，假设我们只看吸收光的这个物体，不看细节，一定有一个东西变了，这个东西就是物体的质量。

其实，前面我们谈到的粒子和反粒子的湮灭成为光，就是质量变成了能量，粒子和反粒子的质量变成了光的能量。其实，所有的核电站都在验

证爱因斯坦的质能关系：当一个比较大的原子核裂变成一些小的原子核，
小的原子核的总质量比大原子核小了，原来，大原子核多余的质量变成能
量释放出来了。我们知道，大亚湾核电站就是利用核裂变制造出了源源不
断的能量。

　　我在前面给大家讲了费曼的故事，里面提到了原子弹，原子弹也是利
用核裂变爆炸的，当然，科学家制造出原子弹不是什么好事。

　　在核裂变之外，还有核聚变，就是一些比较轻的原子核聚变成比较重
的原子核。在聚变的过程中，也有一些质量消失了，这些消失的质量变成

给孩子讲相对论

136

　　了能量。核聚变中消失的质量更多，因而释放的能量更大。其实，太阳发光就是核聚变的结果。

　　第一个发现太阳发光的完整过程的人，是前面谈到的费曼的领导汉斯·贝特。1938年，贝特想到，太阳中的能量来自氢原子核和氢原子核聚变成的氦原子核。他想到，这肯定不是简单的直接聚变，而是通过一些中间过程逐步聚变的。正是因为这个发现，他在1967年获得了诺贝尔物理学奖。不过，他比费曼晚了两年获奖。

　　贝特最开始并没有学习物理，而是在法兰克福大学学习化学。但他有点笨手笨脚的，做实验时总会把硫酸洒到自己的衣服上，这让他决定放弃化学，而转到物理系。恰好在那时，法兰克福大学的物理系来了一个新的教授。他觉得贝特是可塑之材，就给贝特写了一封推荐信；靠着这封推荐信，贝特顺利地转学到了慕尼黑大学，师从历史上最传奇的物理名师阿诺德·索末菲。

　　索末菲一生中教出七个诺贝尔奖得主，包括建立量子力学的灵魂人物海森堡和泡利。由于贝特比海森堡等人小几岁，没有赶上量子力学建立的黄金岁月。不过，他22岁就拿到了博士学位，还能及时地赶上一些重要的物理学发现时期。

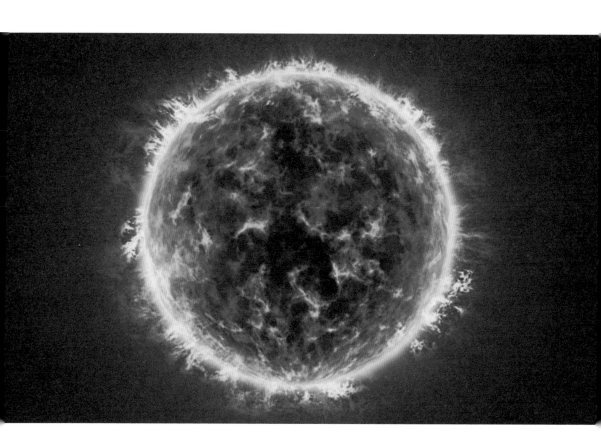

● 内部进行核聚变的太阳 ●

1933 年，希特勒掌握了德国大权。由于贝特拥有一半的犹太血统，他也受到了纳粹当局的迫害。在索末菲的帮助下，他离开德国去了英国。两年之后，贝特到了美国，出任康奈尔大学的助理教授。没过多久，由于怕其他大学把他挖走，康奈尔大学让他直接晋升为正教授。这时，距离他发现太阳发光的原理只有三年。

贝特这个人能力超常，除了发现太阳发光的原理之外，还做出了很多其他物理发现。正因为他的能力，二战期间他担任了洛斯阿拉莫斯的理论部主任，成为费曼的上司。费曼这样评价贝特："在数学物理的技巧上他是一位名家，在洛斯阿拉莫斯，他做着严格而又确定的工作，就像是一艘战舰，带领着由较小战舰组成的分舰队——一批年轻的实验理论工作者，稳稳地驶向前方。他是那样的少数人物中的一位，我对他一开始只是尊重；而随着时间的推移，不断产生了对他的爱戴和钦佩。"

原子弹之后，美国人又制造了威力更大的氢弹，制造氢弹的领头人是爱德华·泰勒。氢弹爆炸的原理正是核聚变。当时的情况是这样的，1942 年，贝特参加了奥本海默组织的伯克利物理学家夏季研讨会，泰勒也被奥本海默邀请了。在去伯克利的火车上，泰勒听说了利用核裂变的原子弹，那时距离原子弹成功爆炸还有三年。不过，泰勒已经开始琢磨利用核聚变制造氢弹的可能性。

泰勒想，引发核聚变应该和我们平时点火的方式一样，不像引爆原子弹那么复杂。氢弹一经引爆，就会辐射出无限多的能量，当然，这种说法还是有些夸张。他想到，基本燃料是氘，也叫重氢，因为这种元素很像氢，只是比氢重一倍。

到了伯克利的会上，泰勒的计算已经完成了，这是泰勒的特点，他的计算往往很简单直接。他向聚会的名流们宣布：一枚原子弹或者一枚超级炸弹有可能无意之中引爆热核反应，爆炸的结果有可能点燃地球上的海洋或地球大气层中的氢，从而把全世界都给炸掉，这实在太可怕了。奥本海默听到这一结果很懊恼，因为他正是制造原子弹的领导人，他想，也许接受纳粹的奴役要比毁灭人类强得多。

不过，万能的贝特又出场了，他认真计算了一下，指出泰勒的说法不靠谱，原子弹引爆整个地球是不可能的，但引爆一个氢弹是可能的。正是贝特的计算为泰勒后来制造氢弹铺平了道路。难怪泰勒后来的学生杨振宁说，泰勒的计算往往不靠谱，但他会很接近真相。

科学家很早就开始制造加速粒子的机器，这些机器叫加速器。在加速器中，粒子的能量会变得越来越大，速度也越来越接近光速，但是，粒子的速度永远不会完全变成光速，除了光本身。这是什么原因呢？爱因斯坦发现质能关系时就已经发现了，粒子的速度越接近光速，粒子的能量就会变得越大。如果一个粒子的质量不为 0，那么，这个粒子的速度等于光速时，它的能量就会变得无限大。正是这个原因，粒子的速度不会越过光速，变成超光速。

　　一旦超光速出现，就会出现穿越的现象：这个以超光速运动的物体会从现在回到过去。其中的原因，我们暂时就不在这本书里给大家讲解了。

　　接下来我们谈谈广义相对论的应用。广义相对论的一个重要预言是引力波，我们在第 1 讲中已经着重讲过了。那么，引力波将来会不会有用？很多人问过我这个问题，我说，应该会有用，但要等很久很久。为什么这么说？因为万有引力本身已经是自然界中最弱的力了，你看，只有地球这么大的东西，才能对我们产生我们身体这么大的重量。地球的质量有差不多 60 万亿亿吨，可见万有引力有多么弱。我们在第 1 讲中提到过，引力波更加弱，比如，地球绕着太阳转也会发出引力波，这些引力波的功率有多大呢？只有 200 瓦，一台空调的功率都比它大几倍。

有一部很有名的科幻小说《三体》，里面提到了可以发射引力波的天线。引力波天线的好处是，一旦引力波被发射出去，它不会像电磁波那样被宇宙中的物质吸收，因而可以传得很远。在《三体》里面，地球人不仅在地球上装备了引力波天线，还在一些星舰上装备了引力波天线。当然，这些引力波天线和我在第 1 讲中谈到的韦伯棒不一样，毕竟韦伯棒已被证明无法接收到宇宙深处发射的引力波，所以《三体》的作者刘慈欣设想出来的引力波天线主要由密度很高的物质弦构成。刘慈欣确实很厉害，一个密度很高的物质弦确实可以发射出能量可观的引力波。

如果我们假设某种高级技术，如三体人的技术能够构造出头发丝这样粗的中子星物质弦，头发直径大约有 0.01 厘米，因此每厘米弦的质量达到了 1 亿千克，它的引力波辐射功率是 100 亿亿瓦，这当然是巨大的辐射功率，如果方向性好，可以被银河系中的任何文明探测到。

当然，《三体》中的弦不可能有这么重，每厘米 1 亿千克实在太重了，我们将每厘米 1 亿千克降低到每厘米 1000 千克，这时，弦的引力波辐射功率是 1 亿瓦，也是很大的功率了。

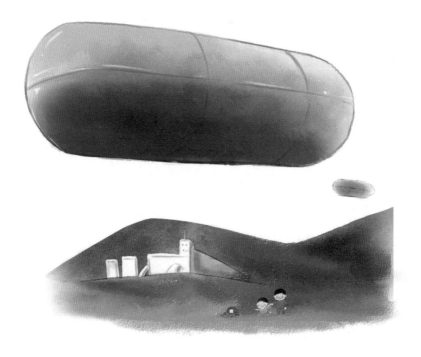

什么时候我们人类能够制造出每厘米 1000 千克头发丝粗细的弦，什么时候我们就拥有了发射引力波的能力。当然，这根弦必须是弦，不能是一根很粗的棍子，所以，它的密度非常高。我们能将什么东西压缩到这么大的密度呢？当然不会是我们现有的任何材料，所以我才推测，我们还要等

400 年才能拥有发射引力波的技术。那么，为什么是 400 年而不是 200 年？我根据人类过去一个世纪对材料研究的进展做过一个计算，得到了这个数字。当然，人类科学技术的发展是很难被预言的，有时慢一些，有时快一些，有时会快得不可思议，所以，400 年就当作一个好玩的数字吧。

　　不过，现在研究宇宙学和一些奇异天体的人已经离不开广义相对论了，这是广义相对论最大的"应用"，我在第 3 讲中已经谈到这些天体了，未来，广义相对论只会变得越来越重要。

　　最后，我要告诉大家，广义相对论在人类生活中还有一个重要的应用。我们都知道卫星定位，最流行的就是 GPS 系统。在这些系统中，卫星之间需要联系，这样，就需要准确地测定卫星上的时间。我们已经说过，相对论告诉我们，运动的物体上的时间跑得慢一些，这就使得我们在定位时需要考虑到卫星绕地球转的速度。另外，卫星高于地面，在那里，万有引力微弱一点，这又使得卫星上的钟跑得快一点。这两个因素，一个是狭义相对论的结果，一个是广义相对论的结果，都需要我们进行调整时间的计算。

　　中国也有卫星导航系统，就是北斗卫星导航系统，早在 2012 年，北斗卫星导航系统就对亚洲太平洋地区提供无源定位、导航的服务。2014 年，北斗卫星导航系统正式成为全球无线电导航系统的组成部分，取得面向海事应用的国际合法地位。

2017 年，中国第三代导航卫星顺利升空，标志着中国正式开始建造北斗全球卫星导航系统。

随着人类技术的发展，相对论会在我们的生活中变得越来越重要。

① 基本粒子有很多种，我们提到了电子、谬子，这类基本粒子叫轻子。开始的时候，轻子的名字意味着"精致、小和单薄"，因为电子只有原子核中的质子、中子的近两千分之一重。后来，到了陶子被发现时，"轻子"就不再"轻"了。陶子，不是台湾那个主持人，而是源自希腊字母"τ"的音译，谬子中的"μ"也是希腊字母的音译。陶子其实比质子还要重一点。

② 陶子、谬子，除了质量和电子不一样之外，其他性质非常像电子。不过，正因为它们像电子又比电子重，所以才不稳定，会变成电子加上中微子。这个过程叫作衰变。

③ 说到中微子，我们不得不再次提到泡利。这种粒子是泡利在一封信中提出的。那时，人们在中子衰变成质子和电子的过程中发现，有一部分能量消失了。勇敢的玻尔就说，能量不守恒了。玻尔这个人特别迷信量子力学，既然在量子力学中什么都是不确定的，那么能量也可以是不确定的。爱因斯坦听到玻尔要放弃能量守恒，

就说，如果这样，我宁愿做管道工也不做物理学家。当然，爱因斯坦这次赢了，因为能量确实是守恒的，泡利在信中提出"消失的能量"被一种新粒子带走了，也就是中微子，它不带电。

④ 中微子的命名，其实是另一个著名物理学家干的，他就是费米，这个人我们在《给孩子讲量子力学》中提到过，他是华人物理学家李政道的老师。

⑤ 中微子和电子一样，也是轻子。中微子可以说几乎是没有质量的。物理学家知道它们质量的大致范围，但由于太小了，还不能确定到底有多大。就像带电的轻子有三种一样，中微子也有三种。

⑥ 带电和不带电的轻子一共有六种。那么有没有像质子一样的更多的"重子"呢？其实有很多很多。加州大学的物理学家在 20 世纪 60 年代发现了很多。后来，人们就迷惑了，这么多重子怎么解释啊？不要紧，我们在正文中提到的盖尔曼出马了。他说，其实重子都是由夸克构成的。

⑦ 夸克的出现彻底解决了重子之谜。物理学家假设，质子由三个夸克组成，中子也由三个夸克组成。夸克的出现引发了基本粒子物理学的革命。

⑧ 我们说过，盖尔曼这个人会很多种不同的语言。其实，这个人没有费曼有趣，因为他对其他物理学家很严厉。但是，别人拿他没办法，谁让他确实很聪明呢，他 27 岁就当上了加州理工学院的正教授。

⑨ 原子弹之父奥本海默对物理的主要贡献当然不是制造原子弹，而是研究了中子星。制造原子弹的曼哈顿计划结束之后，他到普林斯顿高级研究所当所长，在所长的位置上，他对物理学做出了更多的贡献，例如，杨振宁和李政道就是被他留在高级研究所工作的。

⑩ 泰勒这个人领导制造了氢弹，在此之前，他在芝加哥大学做教授，所以经常与当时的研究生杨振宁和李政道讨论。杨振宁喜欢讲费米和泰勒的故事，比如说，他说泰勒这个人很厉害，经常能够一

眼看到物理图像，但计算经常出错。

⑪ 慧眼识费曼的贝特除了对原子核物理有很大贡献之外，还有一个不属于他的贡献：提出大爆炸宇宙论。俄罗斯裔物理学家伽莫夫指导他的学生阿尔法研究大爆炸宇宙，然后写了一篇论文，阿尔法和伽马是希腊字母表中的第一个字母和第三个字母，伽莫夫觉得缺少第二个字母，正好贝特是第二个字母，于是他邀请贝特来做这篇论文的第二个作者，贝特就答应了。

⑫ 粒子加速器的发展有很长的历史。历史上第一台粒子加速器其实是美国人古里奇用三个 X 射线管串起来的，这是 1926 年的事情。到了 1929 年，英国人考克饶夫和瓦尔顿在剑桥大学的卡文迪许实验室制造出高压倍加器，可以用来加速质子。

⑬ 现在，世界上最大的加速器在日内瓦，可以将质子的能量提高到与它的质量相当的能量的 7000 倍，质子几乎以光速运动。这台巨大的加速器周长有 27 千米，它在 2013 年发现了标准粒子模型的最后一个粒子——希格斯粒子，这种粒子又叫上帝粒子。

⑭ 上帝粒子这个名字归功于诺贝尔奖获得者里昂·莱德曼。1988 年，他写了一本科普书，原书名叫《该死的粒子》，因为希格斯粒子难以找到，但出版商认为不妥，就改成了《上帝粒子》，因为英文"该死的"（goddamn）这个词中含有"上帝"（God）这个词。

⑮ 有位华裔科学家号称发现了"天使粒子"，其实，在基本粒子中，这种粒子根本不存在。他在做类比，但这种类比有些不伦不类。

⑯ 中国科学家建议中国制造更大的加速器，这个建议很有争议，主要是因为在上帝粒子之后，人类也许不会再发现新的粒子了。

⑰ 超光速会导致回到过去的可能，这几乎成了"常识"。其实没有几个人真的懂得为什么超光速会导致回到过去的可能。2012 年，一个主要由意大利科学家组成的团队号称发现了超光速中微子，结果，这是一起乌龙事件。

⑱ 墨西哥物理学家阿库别瑞在 1994 年发现，在爱因斯坦的广义相对论中，超光速是可能的，但是需要负能量。

⑲ 负能量才能产生超光速一点也不奇怪，因为第 1 讲中提到的物理学家索恩早就发现，如果想制造虫洞，就需要负能量。迄今为止，物理学家没有找到制造大量负能量的方法。

⑳ 最后，我想强调一下，回到过去真的没有意义，面向未来才是真正有意义的事情。在未来，人类会实现很多不可思议的科技，以及很多好玩的生活方式。

图片来源

P3,133：图虫创意

P4,13,18,19,43,45,49,54,66,69,85,88,93,100,123,142,144：叨叨菌

P6,41,44,47,51,56,67,68,81,92,99,105,124：wiki commons

P7 © EMILIO SEGRE VISUAL ARCHIVES / AMERICAN INSTITUTE OF PHYSICS / SCIENCE PHOTO LIBRARY

P10 © VOLKER STEGER/SCIENCE PHOTO LIBRARY / Gaopin

P27,28 © Caltech / MIT / LIGO Lab

P30 © RUSSELL KIGHTLEY / ScienceSource / Gaopin

P86 © Caltech/MIT/LIGO Laboratory/Handout via Reuters /视觉中国

P94 © ROYAL ASTRONOMICAL SOCIETY / SCIENCE PHOTO LIBRARY / Gaopin

P96：视觉中国

P101 © AMERICAN INSTITUTE OF PHYSICS / SCIENCE PHOTO LIBRARY

P108：海洛创意

P126 © SCIENCE PHOTO LIBRARY / 视觉中国

P127 © Tamiko Thiel / wiki commons

P135 © SCIENCE PHOTO LIBRARY / SCIENCE PHOTO LIBRARY / Gaopin

P137 © DrPixel / Getty Creative / 视觉中国

图书在版编目（CIP）数据

给孩子讲相对论 / 李淼，王爽著 . -- 长沙 : 湖南科学技术出版社, 2018.3（2023.4 重印）

ISBN 978-7-5357-9722-3

Ⅰ . ① 给… Ⅱ . ① 李… ② 王… Ⅲ . ① 相对论—少儿读物 Ⅳ . ① O412.1-49

中国版本图书馆 CIP 数据核字（2018）第 035245 号

上架建议：畅销·科普

GEI HAIZI JIANG XIANGDUILUN
给孩子讲相对论

著　　者：李　淼　王　爽
出 版 人：张旭东
责任编辑：林澧波
监　　制：吴文娟
策划编辑：董　卉　逯方艺
特约编辑：罗雪莹
营销编辑：傅　丽
装帧设计：潘雪琴
内文插画：叨叨菌
出版发行：湖南科学技术出版社
　　　　　（湖南省长沙市湘雅路 276 号　邮编：410008）
网　　址：www.hnstp.com
印　　刷：天津市豪迈印务有限公司
经　　销：新华书店
开　　本：710 mm × 880 mm　1/16
字　　数：80 千字
印　　张：10
版　　次：2018 年 3 月第 1 版
印　　次：2023 年 4 月第 6 次印刷
书　　号：ISBN 978-7-5357-9722-3
定　　价：49.00 元

若有质量问题，请致电质量监督电话：010-59096394
团购电话：010-59320018